北京联合大学 2021 年科技创新服务能力建设项目资助
（项目编号：12213991920010464）

UX

REFLECTIVE RESEARCH

第一辑　　贾京鹏 著

破门而入

从认知到实践

U0244326

中国青年出版社

图书在版编目（CIP）数据

UX破门而入: 从认知到实践 / 贾京鹏著. — 北京: 中国青年出版社，2022.6
ISBN 978-7-5153-6692-0

I.①U… II.①贾… III.①人机界面—产品设计—研究 IV.①TP11

中国版本图书馆CIP数据核字（2022）第107830号

UX破门而入：从认知到实践

著　　者：贾京鹏

企　　划：北京中青雄狮数码传媒科技有限公司
艺术出版主理人：张军
责任编辑：陈静
策划编辑：张君娜
封面设计：乌兰
出版发行：中国青年出版社
社　　址：北京市东城区东四十二条21号
网　　址：www.cyp.com.cn
电　　话：（010）59231565
传　　真：（010）59231381

印　　刷：北京建宏印刷有限公司
规　　格：787×1092 1/16
印　　张：13
字　　数：234千字
版　　次：2022年6月北京第1版
印　　次：2022年6月第1次印刷
书　　号：978-7-5153-6692-0
定　　价：89.00元

如有印装质量问题，请与本社联系调换
电话：（010）59231565
读者来信：reader@cypmedia.com
投稿邮箱：author@cypmedia.com
如有其他问题请访问我们的网站：http://www.cypmedia.com

序

　　本书封面上有"UX破门而入""从认知到实践""认知系统的构建""学习地图"和"用户中心方法"的字样，我想应该能吸引UX的初学者翻开此书。此外，封面上还有"反思""慢速""体验分类""研究思维"的字样，这是参与过一定的UX实践之后才会有所共鸣的词汇。因此，应该也会吸引具备一定工作经验的相关从业者翻开此书。若封面设计真能起到这样的作用，那就太好了，这正是作者所期望的。

　　无论属于上述哪一种情况，对于已经翻开本书的您来说，关于"UX对于当今社会有多重要"，相信已无须作者再发表一些无关痛痒的赘述。当然，这是一个既重要又牵涉诸多领域背景知识的复杂问题，因此我们会在书中的恰当位置进行真正具有养分的探讨。现在，我们还是开门见山地做好一件最要紧的事：以尽可能简要的文字和逻辑，阐明本书的写作目的、内容和价值。从而，让您尽快判断是否要花费宝贵的时间来阅读后面的内容。毕竟，在这个信息爆炸的时代，对于任何一个热门知识领域的学习而言，最麻烦的不是资料太少，而是太多。UX基本上也属于这种情况。为此，作者先对以下两点内容开宗明义。

　　第一，本书的写作意图是，以三册书的篇幅，帮助读者以稳扎稳打的学习方式，搭建起关于UX的系统性认知框架。该认知框架的建立，将不仅为从容上手UX实践提供必要支持，还会为应对行业中的诸多疑难问题提供一个坚实的思考支点。

　　第二，本书所述的理论系统，并不是对现有UX理论知识的简单梳理，而是基于对UX行业目前所面对的难题的深入反思，以及对UX理论体系的重新建构。但要指出的是，这种重新的建构，并不意味着对原有理论资源的推翻或是抛弃，而是基于对底层问题的厘清。一方面，引入和建立新的理论资源（包括底层理论与实践方法论）；另一方面，让原有的理论与方法在更为正确的位置上发挥更有效的作用。

　　对于零基础的初学者，本书能给出的最核心价值是，尽可能少走弯路，以扎实、系统的方式，建立具有前瞻性的UX认知框架，并掌握相关的实践方法、思维方式，为您顺利地在UX行业中生根、成长提供必要的支持。

　　对于已具备UX实践经验的从业者来说，本书的价值在于：帮您暂时停下脚步，站在圈外的高处，更加周详和深入地审视UX这件事及其所面对的问题，并借助书中对这些问题的内涵与本质的探讨，实现认知、思维和实践能力的精进、升级。

　　那么，今天的UX行业到底遇到了怎样的问题？需要反思的关键问题都有哪些？针对这些问题，本书又做出了怎样的努力？序言的以下部分，就将对此做一交代。

一、UX 行业面对的问题

　　无论是UX的学习者、入行或转行到UX的从业者还是想要借助UX为业务赋能的企业主，大家对UX的最初印象，都与以下内容中的某些词汇有着关联：新兴学科、新兴岗位、跨学科属性、高薪行业、新的经济形态、产品价值增长的关键因素、设计和商业的未来趋势。而且从业者与学习者都希望在该领域中崭露头角，以赢得事业的成功与生活的美好。企业翘首以盼，希望依靠"用户体验"（也有企业或专家称之为"用户的价值感"）的赋能，打造爆款，从而让原有的业务转型升级，或是让业绩实现新的突破。但根据作者的观察，在真正接触了UX的2至10个月之后，大家的激情与热忱通常都会转变为一种更为理性的认识：UX，是个好东西，但根本没那么简单！

　　对于学习者而言，大家通常的感受是，UX并不像一开始想的那样，只要按部就班付出努力，就可以像进入一门传统学科那样掌握这门学问。具体来看，虽然UX的核心方法论（设计思维方法）并不难掌握，可是一旦要用它来解决实际问题，就会感觉步履维艰。因为该方法论的有效应用，无可避免地牵涉到商业、技术、设计、科学哲学、人性动机等跨学科背景知识的支撑，以及心理学、社会学、人类学等底层研究方法论的有效使用。若离开了这些内容，同理心地图、用户旅程图、小黄条、亲和图、头脑风暴等看似系统、高大上的方法工具，不过是无根的浮萍，对于实际问题的切实解决几乎无法提供任何帮助。然而，到底需要整合哪些其他领域的背景知识，以及到底应该如何选用那些更为底层的研究方法，却无从得知。因此，大家所能做的也只是不断关注新的"公众号"及参加各种讲座和论坛，在海量的碎片信息中，苦苦吸吮可能的"干货"。但由于不是围绕着一个明确的知识框架来吸收信息，在这过程中，始终都觉得"只见树木，难见森林"。至于各式各样的知识内容对于实现体验创新的成功到底能起到怎样的作用，这些知识之间的逻辑关联是怎样的，每个知识点应该学多深，这样的学习什么时候是个头，都是难以回答的问题。

　　对于企业主和一线的从业者，除了上述问题，相信几乎每个人都会真切地感受到一个整体性的问题：虽然用户体验的重要性是毋庸置疑的，但要想促成一项成功或是卓越的体验创新，实在是太难了。根据美国创新管理专家安东尼·武威克（Anthony W. Ulwick）的调研统计，截止到2016年底，在世界范围内，成功的产品创新项目仅占总数的1/300。根据作者的观察，直到2021年本书截稿时，这一状况也没有发生什么实质性的改变。而更为麻烦的是，大家几乎不知道该如何走出这样的窘境。苹果、优步、特斯拉、爱彼迎，这些成功的体验创新案例就摆在眼前，大家却难以指望从它们身上获得足够的启发。因为，尽管没有证据能让我们断言这些凤毛麟角的成功主要是依靠运气、天赋等或然性因素的支持，但至少到现在，还没有人能把其中的成功之道明明白白地讲出来供人们借鉴。这正如《本田的造型设计哲学》一书的译者郑振勇先生早在2006年就曾指出的：自大家开始努力于产品创新以来，一直都是创新的口号喊得震天响，却鲜有人真正知道该如何进行创新。在今天，基本上也还是如此。于是，被逼无奈，从业者们只能使出一招"万能解决法"：迭代。即，寄希望于通过不断的试错来找到迷宫的出口。然而，"1/300"的成功率已经表明，对于破解"体验创新的窘境"，绝不是这种简单的战术层面的勤奋就能奏效的。

二、需要反思的三个底层问题

在学术界，特别是开展关于UX基础性研究的学者通常都很清楚，导致上述状况的最关键原因在于，作为一个年轻的学科，现有的UX理论资源，尚无法为这些问题的解决提供必要的理论指导。具体地，体验设计的兴起不过十余年的时间。在今天，不要说表层的实践方法论，即便是关于UX的基础性理论建设，也还只是处于起步的阶段。要想从"体验创新的窘境"中突围，就必须尽快推进UX的基础理论建设，并在此基础上再推进针对各实践难点的方法论建设。不过要特别指出的是，根据现有UX理论的建设情况，以及体验创新实践所遇到的实际困难，要想继续推进UX的基础理论建设，就必须先回到问题的原点，并对以下三个最底层的问题给予有效回答。

第一，UX到底是什么？其中的关键问题在于，体验意识所包含的组成要素到底都有哪些。只有对该问题形成有效的回答，才能让体验设计与研究的实践对象获得澄明。

第二，体验创新的任务实质是什么？对该问题的回答，是进一步探讨体验设计与研究方法论的必要前提和基础。

第三，针对体验创新的任务实质，现有方法论的功能边界是什么（即，现在所面对之困境的核心问题是什么）？需要怎样的策略与方法，才能实现高效的体验创新？

说到这里，有一些读者可能会产生这样两个疑问：第一，目前，在网上很轻松地就可以找到一百本以上关于UX的书籍，难道这些书籍都不算是UX的基础理论吗？第二，有关UX的学术论文更是多如牛毛，这些论文都没能对UX的基础理论建设提供足够的推进吗？

先说第一个问题。近十年来，来自国内外的不少书籍，确实已经对关于UX的知识内容进行了较为系统化的组织与整理。但需要看到的是，除了对UX的概念和基本工作内容的介绍，这些书籍所涉及的主要内容都在于对UX实践方法的引介。比如，对设计思维方法论的不同角度的解读，对交互设计法则的讲述，以及对基础性心理学研究方法（包括实验设计、数据采集与分析、访谈与焦点小组的方法技巧等）的介绍。对于帮助大家建立基本的UX认知和掌握主流的UX实践方法而言，这些书籍所讲述的内容，当然可以被看作是重要的UX基础理论。但事实已经表明，对这些表层方法论的引介，并不能为走出体验创新的困境提供足够有效的方法论支持，甚至，难以为准确地界定问题提供必要的帮助。同时，也无法在底层逻辑上给出足够明确的努力方向。从这个角度说，这些书籍所讲述的内容，并不能被称作严格意义上的UX基础理论。

再说第二个问题。虽然体验经济理论才是UX更为正统的底层逻辑，但由于某些历史原因，加上主流UX实践内容的某些特征，如今，UX主要被大家看作是设计学科的一个分支，或者说是设计实践之思维范式的一种新的转变。于是，所谓对于UX的学术研究，大多数情况是传统设计领域的学者借助UX话语体系对原有设计话题的再言说。再加上可能是受到当下"单点突破式"的科研习惯的影响，真正把UX看作一个相对独立的学科范畴，并针对UX概念展开全局性、基础性、系统性理论思考的论文所占的比例是很小的。再进一步来看，这些为数不多的UX基础性学术研究，至少在目前，还未能对上述的三个底层问题给予足够完满的回答。

三、本书的内容及其编排方式

本书所做的工作是，在对上述三个需要进行反思的底层问题给予回答的基础上，以为体验创新实践提供必要的理论指导为目的，对UX的理论框架、体验研究及设计实践的方法论进行了重新构建。此外，根据与一定数量的UX从业者和学习者的交流，同时结合了作者对自身学习与实践经历的回顾，总结出UX职业能力和认知水平的提升，通常需要经历如下三个过程。

过程一：构建认知与上手实践

在该过程中，首先需要理解UX行业的实践内容，并对UX概念的外延与内涵形成完整的认知。然后，学习与掌握用户体验研究与设计的基础实践方法。最后，带着这些认知与技能，积极投入到体验研究与设计的实践之中。

过程二：掌握体验创新的关键问题

在该过程中，需要通过对各类实践项目的深刻感受，发现体验创新的难点所在。然后，借助深入的反思以及相关理论的支持，就如何解决这些难点问题形成自己的见解。带着这些见解，去迎接一个又一个的新挑战，并尝试解决那些未解的难题。

过程三：以问题为导向，推动认知水平与实践能力的蜕变

在该过程中，需要根据在第二阶段形成的见解及实践的反馈，补充相应的知识，扩充思考的维度，推动思维方式的升级，并借此达成以下目的：第一，发现第二阶段中所形成之见解的偏颇之处，给予修正；第二，在体验创新的实践中，不论面对何种难题，都能做到随机应变并建立起有效的思考视角；第三，能够借助心理学、社会学、设计学、经济学、数据科学、哲学、商业、艺术学等领域的跨学科智慧（特别是这些领域的前沿发展成果），让自己的认知与实践能力获得持续精进。

据此，作者将本书的内容编排为以下三册，以此为上述的三个学习过程提供必要的支持。

第一辑——《UX破门而入：从认知到实践》。

第二辑——《UX关键问题：隐性需求调研》。

第三辑——《UX脱胎换骨：从见识到方法》。

最后，还有三点问题需要向读者说明。

第一，本书确实是以提供一个系统性的UX理论框架为写作主旨，但这并不意味涵盖了与UX实践相关的所有细节知识。一来是因为其中的很多内容与破解当下的实践难题并无关键性的联系，二来是因为已经有很多优秀的书籍对这些相对成熟的知识进行了高质量的讲述，如《心理学实验设计方法》《应用

统计学》《大数据爬取与分析技术》等。但本书会在恰当的位置指出何时需要补充这些知识以应对实践的需要。

第二，反思和思辨的介入（尤其是在第二辑和第三辑中），为本书抹上了一层"探究性书写"的底色。这使得大家在阅读的过程中，未必能找到大多数畅销书所提供的那种"轻松愉悦"的感觉。甚至在有些部分，会让人感觉像是在阅读论文，需要放慢速度或是反复阅读。但作者想说的是，天道酬勤，这一定是意味着你正在一项具有挑战性的任务中进行"刻意练习"。而这种努力的付出，一定会在构建UX认知系统的过程中为你提供不同寻常的支持与引导。

第三，综上所述，从知识的内容体量与结构深度两方面看，对于UX这门知识的有效掌握，只可能是一个"慢速学"的过程，而不会像有些朋友在一开始想象的那样，是一个学些访谈技巧、贴一贴小黄条、画一画同理心地图或是参加几次设计思维工作坊就能搞定的速成过程。但应该看到的是，也正是因为有着这样一个门槛的存在，才值得我们把UX作为一项长远的事业，去细细品味和潜心钻研。

四、一段旅程的开始

可能是受哲学学习经历的影响，在接触UX之初，作者就本能地开始询问UX实践的底层逻辑是什么。当了解到其基础理论建设还很薄弱时，便萌生了基于对底层问题的调研和反思，尝试以系统化的方式去梳理"从哲学到方法"的UX理论框架的想法。然而作者深知，这一工作之艰巨，岂是一人之力所能企及。虽然是兴趣使然推动着作者为此而竭尽全力，但这也只是面对着一个不可能完成的任务，做出的可能的努力。

因此，衷心希望能把本书的出版当作是投石击水，不起浪花也泛涟漪，以此引起更多能力远优于作者的其他从业者对"UX反思"这一话题产生兴趣、给予关注和投入智慧。若本书出版后能在这一意义上收获些许反响，作者将感到无上幸福。

还想说的是，在本书的撰写过程中，作者深切感受到，每多参加一次行业实践，每多参加一次学术交流，每多读一本书，都会让人对已落笔的内容形成更深一层的思考与认识。所有这些无疑都能为本书加入更多有价值的内容，以及对诸多地方的语言表述和内容结构做出更好的调整。然而，如此的学习与完善过程，必会导致交稿时间的无限拖延。所以作者决定，只要目前的内容已对所反思的核心问题做出了较为明确的阐释，只要新构建的理论在整体结构上形成了基本的完整与自洽，那就让这些内容先成书。从而能尽早与行业一线及相关学界的读者交流，并获得宝贵的反馈。只有这样，才能让下一步的内容改进工作更为扎实。在此，对于本书中尚存在的不足与错误之处，作者向广大读者表示深深的歉意。同时也特别希望能收获读者们对这些不足与错误的指正意见。（期待您的来信，作者的邮箱：fujijiaux@163.com）

致 谢

在本书的写作与研究过程中，以下行业专家与学者，或是被作者的长期求教所叨扰，或是用三言两语就对作者遇到的一些重要问题给予了精辟的解答与指导：中国人民大学哲学院王旭晓教授、吴琼教授；北京师范大学心理学部刘伟副研究员、刘嘉教授、胡清芬教授；北京工业大学建规学院工业设计系原主任曲延瑞教授；北京理工大学设计与艺术学院孙远波教授；北京联合大学旅游学院孙惠君副教授；美国设计心理学专家唐纳德·诺曼（Donald Norman）博士；CHI华人交互设计学会主席任向实教授；保时捷911汽车设计师本·鲍姆（Ben Baum）；江南理工大学设计学院原院长辛向阳教授；荷兰代尔夫特（Dleft）理工大学工业设计学院皮耶特·德斯梅特（Pieter Desmet）教授、薛海安助理教授；法国PSA集团创新设计总监杨·吕克（Rang Liv）；美国宾夕法尼亚州立大学张小龙教授。如果没有他们的帮助与指点，本书的写作是不可能完成的。

此外，要由衷地感谢中国青年出版社的张军主编。她不仅在选题方面对本书的出版给予了热切支持，在内容撰写上提出了很多宝贵意见，还对于我一再拖延交稿时间给予了足够的耐心与宽容。

最后，也是最重要的，与撰写本书相关的研究工作共历时5年，除例行的教学工作外，在此期间作者几乎无暇顾及其他任何事务。如果没有我的父母和爱人在生活上的默默支持，特别是在健康方面给予的无微不至的照料，就不会有本书的出版。

第一辑　导言

一、内容介绍

您现在翻开的，是本系列第一辑——《UX破门而入：从认知到实践》。全书由UX简史、什么是UX与怎么学UX、用户中心方法三篇内容与"结语"组成。

这三篇内容，以为UX的初级实践提供必要和实用的指导为目的，结合对相关专业问题的反思与厘清，逐一讲述了三个话题。其中，话题一与话题三，讲述如何帮助读者从容上手UX实践的两大硬核知识点；话题二，是对UX的学习路径的介绍与探讨。对于初学者，这同样是一个必知的重要内容。但从阅读感受上讲，读者会发现话题二有些像夹在两个硬核话题之间的调味剂与轻松时刻。话题具体介绍如下。

话题一，UX 到底是什么？

若想尽可能顺利地进入UX行业，并能在这个行业中生存得好，那么对于所有人而言，所要做的第一件事情，就是能准确和深刻地理解"UX到底是什么"。因为，第一，只有深刻地知道了UX是什么，我们才能扎实地掌握UX的实践对象；再进一步看，只有先打好了这个基础，才可能在面对各类体验研究与设计问题时，做到以问题为导向，有的放矢地灵活应变。

第二，直到今天，UX也还是一个如此年轻和稚嫩的行业。相应地，由于UX的基础理论建设尚处于起步阶段，在很多时候，从业者都不得不依靠自己的力量，对一些复杂和重要的难解之题进行审慎的分析与思考。比如，在面对某些体验研究任务时，现有的方法论与工具失效了，该怎么办？在这时，对"UX是什么"的深刻理解，将为你思考这些问题提供一个最底层，也是最扎实、最牢靠的支点。

在本书中，对于"UX到底是什么"这一话题的探讨，将由第一篇和第二篇的第五章内容来负责。其中，第一篇内容将主要通过介绍UX行业的发展历史，来呈现UX的实践对象。读者们可以借此理解与掌握UX概念的外延。第二篇的第五章，则通过探讨用户体验的分类问题，帮助读者领略体验现象中所包含的丰富组成要素，进而理解与掌握UX概念的内涵。

话题二，UX 的学习路径是怎样的？

特别是对于初学者，掌握"UX的学习路径"的重要性是不言而喻的。对于该话题的探讨，将由第二篇的第六章内容来负责。其中，将为读者介绍以下两项内容：第一，UX知识框架的结构全貌；第二，UX的学习方法与注意事项。通过阅读这些内容，读者能够对整个UX学习过程的努力方向了然于心。

话题三，UX 实践的核心方法论与必备工具。

对于从容上手UX实践，在深入理解了"UX是什么"之后，需要做的第二件事，便是掌握用于体验研究与设计的核心方法论与必备工具。对于该话题的探讨，主要由第三篇内容来负责。其中第七章至第十二章内容，是对体验研究与设计实践的基础性同时也是最为核心的方法论"用户中心方法"（也经常被称为"设计思维方法论"），以及与之相配套的实践工具，进行详尽介绍与解读。在第七章，则会为读者引介一个重要的思维方式：研究思维。对于该思维方式的得当运用，将为有效发挥"用户中心方法"的实践价值起到至关重要的作用。

二、面向哪些读者

作为该系列丛书的第一辑，本书的核心目的，在于帮助零基础的学习者，以系统化的方式构建起关于UX的基础性认知，并掌握用于应对UX初级实践的必备技能以及初建专业的反思能力。

但是，这并不意味着本书只适合零基础的读者阅读。本系列丛书的核心特征在于"基于对UX底层问题的反思，进而展开UX理论体系的重构"。这在本辑中的具体表现包括：第一，从不同维度，对UX行业的发展历史进行了详细的再梳理；第二，对回答"用户体验的分类"问题进行了再推进，在UX领域，这既是一个重要的实践问题，也是一个底层性的学术问题；第三，对UX之知识构架的构成进行了再探讨；第四，对大家在使用"用户中心方法"时遇到的诸多Tricky的问题，进行了必要的反思与厘清。因此，已具备一定UX从业经验的读者，同样可通过阅读本书的内容，获得认知的再完善。

还要向读者交代的是，第一篇第三章以及第二篇第五章的内容，可能会是最需要读者理解力的部分。一方面是因为涉及与"科研思维"相关的问题，另一方面是因为其中逻辑链的连接密度会相对较大。尚未接触过学术训练的读者，可能需要放慢阅读速度。此外，本书各章节内容之间，大体上都存在逻辑上的前后联系。因此，建议读者按顺序阅读。

祝大家阅读愉快！

目录

第一篇　UX简史

第二篇 什么是UX与怎么学UX

第三篇 用户中心方法

第一篇 UX 简史

在本篇，将对UX行业的发展历史进行梳理与阐释。通过阅读该内容，读者将获得以下收获。

第一，理解 UX 的实践对象。

不论是进入哪一个行业，都有一件绕不开的事情，那就是要先了解该行业的实践对象是什么。只有这样，才能在工作中做到有的放矢。对于进入UX行业而言，那就是必须要先搞清楚UX到底是什么。不过就目前来看，要想把这个问题讲清楚说明白，并不是一件容易的事。因为，自体验设计兴起至今，体验研究与设计的内容一直在发生着改变。此外，直到今天，不论是体验研究与设计的实践，还是关于UX的理论建设，都还处于起步阶段。与之相伴的是，不管是行业还是学术界，对于"UX到底是什么"这个问题，都还没有一个定论性的答案。因此，要想搞清楚UX到底是什么，最好的方法莫过于对UX行业的发展历史进行一个整体性的回顾，在历史的语境中掌握UX概念的所指。

第二，发现自己的兴趣点。

在UX实践对象的变化过程中，一方面，不断有新的实践对象加入；另一方面，旧的实践对象要么变得不再那么重要，要么沦化为新的表现形式。这使得今天的UX行业中存在着诸多的细分岗位类型。比如视觉体验设计、交互体验设计、用户研究员、产品设计师、UX WRITER等。对这些内容的了解与掌握，显然能够为读者找到自己感兴趣的细分领域，并为明确未来的主攻方向提供帮助。

第三，为审视纷繁的 UX 知识碎片，建立起专业视角。

特别是对于"绝对零基础"的学习者，通常都会遇到的一个难题是：面对来自各种公众号、论坛的大量碎片化知识，不知该从何下手。而当你了解了UX行业的发展历史后，就会清楚地分辨出哪些知识是与最前沿的实践内容相连接的，哪些知识是相对老旧的，以及哪些知识能对当下的实践活动起到重要的基础性支撑作用。

第一章
UX 概念的孕育、诞生、传播、洧化

　　本章的主旨，是向读者呈现UX概念的孕育、诞生、传播及洧化过程。根据作者的观察，在UX概念的整个孕育过程中，有四个关键性的因素起到了重要的促进作用。为此，本章的第1节至第4节，将分别对这四个因素进行介绍。第5节至第7节，则分别介绍UX概念的诞生、传播与洧化。

第 1 节 "可用性"问题的存在

图1-1

　　根据当下的UX理论，用户体验现象中所包含的一个最为基础的体验因素是"可用性"（Utility）体验，如图1-1。即，用户对于一个产品（服务）是否具有帮助人们解决实际问题的实用性价值的主观判断。

　　为什么说"可用性"体验是最为基础的体验因素呢？因为，即便是在今天，作为一件商业产品，如果不能表现出足够的"可用性"价值，即实用性价值，那一切其他类型的产品价值（体验价值）通常也将不存在。在生存条件恶劣的人类文明早期阶段，就更是如此。所以说，自古以来人们就认为，一件人造物必须具有实用价值。

　　具体来看，在人类文明的早期阶段，由于生产力落后，各种人造物，只要能帮助人们解决实际问题，就已经是很了不起的事情了。在极大的生存压力下，人们无暇顾及在使用这些人造物的过程中有可能存在的某些不适（易用性问题）。当然，这一情况也不只存在于早期的人类文明。直到蒸汽机、电力，甚至是第一辆汽车被发明出来之后的很长时间里，人们对于人造物的关注，仍停留于是否能帮助解决实际问题，即只关注"可用性"的问题。

　　既然"可用性"问题自古有之，且又是UX概念中的重要组成元素，那么要说"可用性"问题的存在对于UX概念的诞生起到孕育的作用，自然无可厚非。但必须要注意的是，除了"可用性"体验，UX概念还包括对审美、愉悦、自我实现等一切高级体验因素的关切。所以，现在，人们对UX这个概念的整体印象，即UX概念对于如今这个世界的意义，远不是"可用性"体验这个再朴素不过的概念所能表达的。何况，在很大程度上，"可用性"这一理论性的表述本身，也是在UX概念诞生之后，才被人们更加明确和深刻地认知的。因此，"可用性"问题尽管是存在时间最长的体验问题，但是对于启发人们认识到UX概念所起到的作用，与第2节至第4节中提到的其他三个历史线索相比，它可能是最弱的。

第 2 节　"易用性"问题的存在

图 1-2

　　根据现有的UX理论，所谓"易用性"（Usability），如图1-2，就是指在能用的基础上，还要"好用"。具体来说就是，在使用产品（服务）的过程中，不能让用户感到不适。更理想的情况是，因为特别"好用"从而让人感觉"用起来很爽"。

　　除第1节提到的"可用性"体验，"易用性"体验是当下的UX概念中所包含的又一个重量级的体验元素。值得注意的是，在UX概念诞生后甚至10年内，很多从业者都把UX概念与"易用性"概念等同看待，即，认为UX研究与设计的核心就在于解决"易用性"问题。暂且抛开造成该现象的原因不谈，单凭这一现象的存在，就让我们有足够的理由说，对于UX概念的诞生，"易用性"问题的存在，起到了相当关键的孕育作用。甚至有很多从业者直接把某些与"易用性"问题相关的重要历史事件视为孕育出UX概念的里程碑。因篇幅所限，本节中只按照时间顺序讨论三个比较具有代表性的事件。

一、15世纪：达·芬奇的"厨房噩梦"

麦克尔·盖博（Michael Gelb）在1998年出版了他的著作《像达·芬奇那样思考》（*How to Think like Leonardo da Vinci*）。在书中，作者讲述了米兰公爵委托达·芬奇为一个高端宴会设计专属厨房的故事。达·芬奇将高超的技术及他与生俱来的创造性天赋运用在这次厨房设计中。用今天UX行业的话说，该设计在"易用性"方面创造了全新的厨房用户体验。比如，用传送带输送食物。又比如，为厨房设计了喷水灭火系统来保证安全，据说此前从没有人这样做过。

要注意的是，如果严谨地讲，传送带和喷水灭火系统的设计，既可以说是帮助厨房增添了"易用性"方面的体验价值，也可以被看作是在厨房的内部增添了新的功能设计，也就是增加了新的"可用性"体验价值。在实际工作中，很多设计都具有这种双重意义。从不同的层面（角度）去看，体验意义就会不同。在用户体验理论的语境中做出这样的认知区分，并不是为了要咬文嚼字，而是为了提示读者，作为UX从业者，需要尽可能看清体验现象中所存在的从属于不同维度的道理与规律。在明白这些道理和规律的基础上，以游刃有余的状态来"模糊"工作，这和不了解这些道理及规律从而只能"模糊"工作的效果会很不一样。

和很多开创性的设计一样，达·芬奇的设计也表现出非常明显的不足。传送带是纯人工操作的，工作中经常出问题。更糟糕的是喷水灭火系统经常失灵，浪费了不少食物。"达·芬奇的'厨房噩梦'"这一说法由此传开。但是在今天的UX从业者看来，这作为用户体验设计的早期实践，有着非常重要的历史意义。

二、1948年：丰田人性化的生产系统

和福特公司一样，丰田不仅非常重视产品设计，还对员工工作的效率非常关心。在生产过程中，装配工人受到的重视，几乎不亚于公司对技术的关注。而其核心就在于关注如何提高人与技术之间的交互行为的效率。其中就包括对各种操作行为中存在的诸多"易用性"问题的思考。

三、20世纪70年代：个人电脑

本节一开始就已经说过，"对于UX概念的诞生，'易用性'问题的存在，起到了相当关键的孕育作用"。而个人电脑的出现，则是这关键中的关键，同时，它还为早期UX从业者的工作属性定下了基调。下面具体来看一下。

1. 从命令行界面到图形用户界面

如今，计算机已经成为日常生活与工作中的必备工具。而早期的计算机由于体型巨大，根本不可能被个人所使用。直到微处理器（与指甲盖差不多大小）发明，计算机的小型化才成为可能。但要想让计算机走入人们的日常生活，仍面临着一个必须解决的"易用性"问题：要想对传统的字符界面进行操作，就必须通过输入复杂的计算机程序语句来下达指令。由于牵涉到复杂的专业知识，除了计算机专家，普通用户是难以理解和使用的。

面对这一问题，1970年代，美国施乐公司的研究人员开发出了第一个图形用户界面，以及通过鼠标点击发出操作命令的人机交互方式。与字符界面相比，在图形用户界面中，用户不需要学习复杂的代码，只需要对视觉图形进行直观的操作，便可接收到同样是基于视觉图形方式的直观反馈。因此用户无须具备专业知识和操作技能就能够轻松实现操作。这不仅开启了人机交互的新纪元，同时也为今天的人机交互方式奠定了基础。今天的车载交互系统、智能手机等一切带有屏幕交互功能的电子设备，无不是基于这种图形用户界面的操作方式建立起来的。

2. 早期的UX工作：解决人机交互的"易用性"问题

还需要注意的是，继蒸汽技术革命和电力技术革命之后，再次引发世界样貌变革的，便是以计算机及网络信息技术为核心的"第三次工业革命"。而个人电脑的普及，则是正式开启这场革命的支点。于是，在个人电脑诞生后，人类面对的一个最重要课题，就是如何让计算机和信息技术更好地服务于人们的日常生活。其中，除了得对计算机和信息技术进行更为深入的研究之外，另一个重要的问题，就是如何通过产品设计，让人机交互变得更加"易用"。可能正因如此，以唐纳德·诺曼为代表（详见第5节），历史上的第一批UX从业者，主要就是由人机交互领域的研究者所构成的。这也就是在UX概念诞生后的大约10年里，大量从业者都把UX问题等同于"易用性"问题的原因所在。

同时，大家可能已经领会到，尽管各类工业产品的设计，从广义上讲，都会牵涉到"易用性"问题，但是由于信息技术在世界变革中所起到的主导性作用，在个人电脑诞生后甚至30年的时间里，UX行业所关注的"易用性"问题，主要指的就是人与各类搭载计算机系统的工业产品（如电脑、手机、飞机驾驶系统等）之间的交互行为中存在的"易用性"问题。正因如此，今天的很多UX从业者认为用户体验设计起源于人机交互（Human-Computer Interface，HCI）设计。

不过后来（特别是2015年以后），可能是因为大量人机交互的"易用性"问题已经得到了较好的解决，从而让人们有机会去关注其他的体验问题；也可能是因为人们对于UX理论的认识不断深入；当然也有理论专家指出是由于在物质丰裕的时代里UX概念戳中了人们的痛点——对"好的感觉"的需要（在下一节将对此进行专门介绍）。总而言之，用户体验设计逐渐超出了人机交互领域，扩展到一切产品设计领域，如门把手好不好用等。

但仍要注意的是，即便如此，直到今天，至少从感觉上说，人机交互的"易用性"设计问题，仍然是UX研究与设计的重要实践对象。特别是只要有一种新的交互方式诞生，在此后的几年里都会需要大量的UX从业者围绕其"易用性"问题展开大量的研究与设计实践。比如iPhone诞生后，直到今天，触屏交互的"易用性"问题都还是UX领域所关注的重要议题。又比如，大约在2016年智能音箱兴起后，围绕"语音交互"的"易用性"设计，一直都是一个重要的UX实践话题。而对于智能音箱行业的发展而言，这甚至成为影响其走向的关键性问题。

第3节　当"感觉"也能卖钱

图 1-3

当物质生活丰富到一定阶段，人们开始自觉或不自觉地乐于为某种喜欢的"感觉"买单。这里所说的"感觉"，如图1-3，也就是今天UX语境中所讲的"体验"的通俗说法，所以，"感觉也能卖钱"这件事的出现和发展，在不断让大家注意"感觉"的重要性的同时，也在潜移默化中推动着人们对"体验"概念逐渐形成认识。本节将为读者呈现"感觉也能卖钱"的历史发展脉络及典型事例。

一、"感觉也能卖钱"与"体验经济"的诞生、发展

顾名思义，"感觉也能卖钱"这个现象与以下两个逻辑线索有关：第一，人在乎"感觉"，这是人的天性，也就是说，好的"感觉"对于人是有价值的；第二，对人有价值的东西，通常都具有经济价值，因此，这有价值的"感觉"，天然地就倾向于与经济活动相关联。于是，理论专家们把这种基于"感觉"的经济活动称为"体验经济"。为此，探究"感觉也能卖钱"之历史的专业方式，莫过于掌握"体验经济"的发展史。

到目前为止，人类社会已经经历了四种经济形态：第一，农业经济；第二，工业经济；第三，服务

经济；第四，体验经济。那么，如何界定一个社会正处在哪种特定的经济形态呢？一个简单的方法是，看社会的主体成员都在从事什么行业，社会财富主要是由什么行业创造的，描述上述社会状态的概念，就可以被用以界定社会处于哪种经济形态之中。这种经济形态，即社会的时代特征。

在人类文明刚出现的时候，社会的主体成员主要在从事农业劳动。因此那时就被称为农业经济时代。工业革命开始以后，由于工业的劳动生产率大大高于农业，原来的农业人口纷纷向工业生产部门转移。于是，工业人口很快超过了农业人口，社会财富也开始主要由工业生产创造。如此一来，人类社会便进入了工业经济时代。

随着工业领域中技术革命的不断推动，劳动生产率日益提高，而且，机器逐渐代替了人力。这种技术的进步给产业工人带来了灾难，大量的人员被精简下来。工业领域再也不能容纳昔日由农业转移过来的巨大数量的劳动力，失业人员开始大量出现。在这一背景下，被现在称为"服务经济模态"的社会现象开始出现。什么是"服务经济模态"？简单来说就是，原来由每个人自己做的事情，如做饭、做衣服、打扫卫生，现在则都可以花钱雇人来做，也就是享受各种服务。这显然是一个需要大量人员来从事的事业。就这样，服务经济的出现，容纳了数量庞大的失业人口。随着从事服务劳动的人口数量占到了总劳动人口的70%，"服务经济"正式形成，社会进入"服务经济"时代。

农业经济，不是产生工业经济的阶梯；工业经济，也不是孕育服务经济的母体；但是，体验经济，在一定程度上（至少在体验经济的早期时代），却是从服务经济中生长出来的。

服务经济自一开始，就表现出一种倾向：从业者努力让服务的质量越来越高，越来越趋向于完美。那么，以什么为标准来评价服务的完美程度呢？当服务质量提高到一定程度的时候（通常是实用性价值得到完满交付的时候），就开始以顾客的体验（即感受）为衡量服务质量的标准。若在接受服务的过程中能够获得愉快的感受，顾客就会认为这个服务是好的；反之，就是不好的。久而久之，顾客就会为了获得某种感觉而消费，获得相关的实用性价值倒是次要的了。于是，开始有聪明的老板敏感地意识到：为顾客提供好的感觉，是可以卖钱的。当多数企业都获得该发现并愿意接受和实施这一盈利模式的时候，无论人们是否能用理论方式去认知它，体验经济时代就已经到来了。

二、事例：喝酒，价值不仅在酒

让我们回想一下茶楼、海滩酒吧、悬崖餐厅，其主营业务好像不仅是提供茶、提供酒、提供饭，而是在于提供一种"感觉"和"用这个感觉卖钱"。在这些地方，一杯茶经常比在别的地方吃一顿饭还要贵。这到底值不值呢？说不清楚。一句话，只要你觉得值，那就值。什么叫觉得值？听着轻松的民谣，在异域的环境里看着海天相接处的夕阳，听着浪花声，看着有人在沙滩跑步，舒适地回忆往事，思考未来，这时，你从禁锢的状态中抽离出来了，感受着生命的别样意义，和朋友谈论过去，回顾和感受彼此的友谊。如果只有这个地方能提供给你这种感觉，在其他地方找不到，那这种感觉就值钱。具体值多少钱，那确实需要根据市场的消费能力来定价，没有统一的定论。但有一点是可以肯定的，你越需要这种感觉，而越少有地方能提供给你这种感觉，这种感觉就越值钱。

现在，已经有越来越多的企业开始自觉地运用"感觉也能卖钱"这一原理来增强商业竞争力，甚至把"卖感觉"作为核心的商业策略，并明明白白地将这个想法向消费者坦言。比如"开心时刻必胜客"这句广告词，也就是说，邀请大家来必胜客的关键理由，并不在于吃到比萨，而是让大家一起享受快乐。为此，除了广告语，必胜客还通过店面名称和店面装饰来一起昭示和烘托这一理念。在门口为此而等位的长队，最直接地说明了该商业策略的效果。

三、事例：只为获得感觉

很难说到底是从何时起，人们开始单纯地只是为了获得感觉而去消费，比如去卡拉OK，花钱唱歌。甚至有人愿意花钱买痛苦的体验，这在以前是不可思议的。电影《甲方乙方》讲述的就是这类故事，而从事"魔鬼训练"的学校，会带给你一次痛苦的经历。但正如我们的消费者所认为的，"我要的就是能体验一把这样的感受"。对于单纯靠"卖感觉"盈利这件事，还有一个不得不提到的翘楚级案例——迪士尼（DISNEY）公司，由创始人华特·迪士尼（Walt Disney）于1923年创立。主营业务包括娱乐节目制作、主题公园、玩具、图书、电子游戏和网络传媒。其核心的企业愿景是，"通过想象力和技术的完美结合，为全世界的客人打造一个地方，以此满足大家期望能从日复一日的辛劳中逃离出来，进入一个充满奇妙、温馨和欢乐的世界的愿望，让他们体会到无限的开心和喜悦"。相信所有去过迪士尼乐园的朋友，对此都已经有了深切的体验。此外，在获得巨大商业成功的同时，在今天，迪士尼还吸引并激励着大量的优秀设计师（尤其是用户体验设计师）加入，与其一起为追逐欢乐的人们打造新的梦想体验。

第 4 节　理论的准备

今天回看历史，会发现本节所介绍的诸理论要素，都在以间接或直接的方式为UX概念的诞生起着重要的理论准备作用。这种作用既体现在推动人们对UX概念的觉醒与认知，也体现在为后续的UX理论建设提供重要的基础性支持。这些理论大致可以被归结为以下三类：第一，来自设计领域的理论；第二，来自商业领域的理论；第三，基础性人文理论。

一、来自设计领域的理论

1. 人因工程学

人因工程学（Human Factors Engineering），是一门重要的工程技术学科，同时也是管理科学中工业工程专业的一个分支，起源于欧洲，形成于美国，至今，已有将近60年的发展史。该学科的核心任务是，根据人类行为的能力极限与本能习惯，研究人和机器、环境的相互作用以及合理的结合方式，并在此基础上使设计的机器和环境系统适合人的生理及心理特点的需要，借此达到在生产中提高效率和保证安全、健康与舒适，进而提升人类的生活品质的目的。由于与设计实践的紧密关系，早在UX诞生之前，设计学科就已经把人因工程学纳入为设计理论的重要组成部分。又由于"易用性"问题对于UX概念的诞生所起到的重要孕育作用，很多UX从业者将基于人因工程学的设计实践看作是体验设计的启蒙阶段。

值得一提的是，美国著名工业设计师亨利·德莱福斯（Henry Dreyfuss）在1955年出版的著作《为人的设计》（*Designing for People*），代表着人因工程学的早期研究内容。即便是在今天，这部著作对于UX从业者仍然具有重要的参考价值。亨利在书中写道："当产品和使用者的接触点成为摩擦点时，那就意味着工业设计者失败了。反之，如果人们通过接触、使用产品而变得更加安全、舒适、高效、愉快，从而愿意继续去消费这些产品，那么这意味着设计师成功了。"

2. "用户中心"思想

物质的不断丰富和技术的高度发展，使得设计从"以机器为本"转向"以人为本"（Human-Centered）。这必然指向"以用户为中心的设计"（User-Centered Design，简称UCD）思想的诞生。设计行业普遍认为，是美国创新设计专家唐纳德·诺曼首次系统性地阐释了"以用户为中心的设计"思想。在其著作*The Psychology of Everyday Things*（1998年再版时更名为*The Design of Everyday Things*，中文版译为《设计心理学》）一书中，诺曼指出，在开发交互式产品的过程中，要充分考虑用户的特点与期许，以开发出符合用户需求的产品。他还给出了具体做法：通过收集用户需求和分析用户任务，基于"快速原型"（Rapid Prototyping）的迭代式（Iterative）设计，逐步逼近用户内心的真实需求。在该过程中，可以邀请用户对设计原型或已公布的产品进行评估和参与可用性测试，并根据评估数据进行迭代设计，直至达到预期的设计目的。

在今天看来，不论是对于指导体验研究与设计实践，还是对于开展关于UX的理论建设，"用户中心"思想都是最为重要的底层逻辑之一。也正因如此，几乎所有具备一定经验的UX从业者，都会将唐纳德·诺曼的《设计心理学》推荐为学习UX的必读书。

二、来自商业领域的理论

在商业领域，对UX概念的诞生起到最重要推动作用的，莫过于"体验经济"理论的发展与成熟。尽管没有切实的证据表明设计行业从中进行了哪些借鉴并以此来推动UX概念的形成，但在客观上，"体验经济"理论的发展在不断提醒着人们对"体验"概念的关注。此外，即便是对于今天的体验研究与设计实践，以及关于UX的理论建设，"体验经济"理论同样起着重要的基础性指导作用。下面，就介绍一下"体验经济"理论发展的大致历程。若日后读者们获取了同时间段内的关于UX概念发展的资料，或许就能与"体验经济"理论的发展过程建立起某种关联性的认知。

自20世纪70年代以来，在商业领域便开始有"体验经济"的提法。1970年，美国西北大学市场营销学教授菲利普·科特勒（Philip Kotler）提出："教育和旅游的'体验性'将逐渐凸显出来，并且会成为一种经济特征。我们只有抓住这一特征，才能使教育和旅游行业打破长期的停滞现状，向更深入的方向发展。"这说明，有人开始注意到"体验"现象在经济领域中发挥的作用了，"体验"开始和经济"挂钩"。同年，美国著名的未来学家阿尔文·托夫勒（Alvin Toffler）在其著作《未来的冲击》（Power Shock）中，对"体验市场"的概念及其运作方式进行了具体而深入的分析。随后，在1980年，托夫勒又在其新著作《第三次浪潮》（The Third Wave）中指出："服务经济的下一步是走向体验经济，商家将靠提供这种体验服务取胜。"就此，"体验"被正式作为一种经济现象来研究了。

美国SRI国际公司1985年的"年度报告"便是以《体验产业》为题。这篇报告预见性地指出了美国市场对"体验"的需求，并且这种需求已经开始驱动美国经济的边际增长。在这里，"体验"已经成为一种"产业"。不久以后，美国的《哈佛商业评论》明确提出："继产品经济和服务经济之后，体验经济时代已经来临。"

此后，美国俄亥俄奥罗拉的战略地平线LLP公司的共同创始人约瑟夫·派恩（Joseph Pine）和詹姆斯·吉尔摩（James H. Gilmore）合著了《体验经济》（The Experience Economy），更为系统和深入地阐释了"体验经济"在社会发展中的演变过程以及重要意义。

三、基础性人文理论

1. 接受美学

首先来看什么是接受美学。接受美学又称接受理论，产生于20世纪60年代中期，首倡者是联邦德国的汉斯·罗伯特（Hans Robert）。他指出："读者作为生物性和社会性的存在，无论在意识或下意识中所接受的一切信息，都会影响到他对文学作品的接受活动。于是，一部文学作品的功能与价值到底为何，只有在阅读的过程中才能得以呈现。即，阅读的过程也就是作品之价值得到完成和定型的过程。在这一过程中，读者是主动的，是推动作品价值得以呈现的动力。文本的接受过程，不仅受作品内容的制约，也受到阅读者的制约。根据这一逻辑，美学研究认为应集中在读者对作品的接受、反映、阅读过程中的审美经验及接受效果的解读上。借助问与答的方式，去研究创作与接受以及作者、作品、读者之间的动态关系及互动过程。要从过往的实证主义研究思路中抽离出来，转而把审美经验放在具体历史、社会环境中进行考察。"

也有学者指出，早在20世纪30年代，波兰现象学美学家因加尔登（Roman Ingarden）就已经指出了接受美学理论所指涉的核心问题：读者对于作品价值的影响作用。在其文学作品"解剖学"中，因加尔登认为，读者在阅读过程中虽应遵从作品预先确定的特征结构，但必须采取创造性的态度去使作品"具体化"。通过读者确定作品中被表现世界的"不定点"，人物、背景、事件之中就充满了读者在一次具体的阅读中所增附的主观性杂质。很多学者将此视为接受美学的理论先驱。

尽管接受美学理论以及因加尔登的学说并没有以直接的方式对UX概念的诞生起到怎样的具体支

持，但不论是从"用户中心"思想中还是从当下UX实践所遵循的要为情境而设计的实践原则中，隐约都可发现接受理论之核心思想的身影。

2. 关于人性的理论

早在"体验经济"的萌芽时期，消费者对"好感觉"之需求的日益凸显，使得一些企业开始这样思考问题：要想得到更好的经济收益，就必须做到让顾客满意，具体来说就是要让顾客获得愉悦的感受。这推动着企业进一步去研究怎样才能让顾客获得这种愉悦的感受。于是，企业主们开始了解和研究与人性、人的社会性以及人格动机相关的理论，并以这些理论学说为指导开展提供"好感觉"的商业实践。直到今天，这些关于人性的理论学说仍是用于指导体验研究与设计实践的重要支撑。而且体验研究与设计的实践还反过来对这些理论的发展提出新的和进一步的要求。

第 5 节　UX 概念的确立

根据上节内容，在"体验经济"理论的发展历程中，很难基于一个明确的依据来确定地说"体验概念"到底是在何时正式形成的。如果一定要为这个概念的形成举行一个成人礼，那倒是可能会有不少人同意"体验概念是在派恩的《体验经济》中正式定型的"这一说法。毕竟，这是第一次以系统性的方式，对体验经济的发展过程给予了理论性的分析与阐述。

不过，可能是因为不同专业领域都有着自己的主流信息获取渠道以及相应的认知圈层，对于设计行业的从业者来说，他们一般会认为是美国的认知心理学专家唐纳德·诺曼使得UX概念获得正式确立的。

1993年，身为电气工程师和认知科学家的诺曼加盟苹果公司，并帮助这家传奇企业对其产品线进行了再研究和再设计。而他的职位则被命名为"用户体验架构师"（User Experience Architect）。根据设计行业的一般观点，这是历史上首个用户体验职位。在此之后，"体验"这个词便慢慢在设计圈传播开了。

1988年，诺曼在其著作《设计心理学》中，基于"以用户为中心的设计"思想，对"用户体验设计"的问题进行了详细论述。这进一步推动了"体验"概念在设计领域的传播。

2001年，美国的内森·谢多夫（Nathan Shedroff）出版了《体验设计》（*Experience Design*）一书。在很多设计从业者及学者看来，这是把"体验"与"设计"挂钩，即让"体验设计"概念得以确立的标志性事件。此后，"体验设计"一词不胫而走。

不过，在这之后的几年时间里，不论是"用户体验"概念还是"体验设计"概念，尽管在设计研究领域引起了更多学者的关注，但从总体上看，还不能对其传播的速度冠以一个"快"字。直到2007年iPhone问世，才让"用户体验"这个词在专业以及大众认知两个领域中的传播都获得了暴增。

第 6 节 UX 概念的"暴增"式传播

几乎没有人会否认iPhone的问世是一个传奇。而对于UX从业者，这个传奇并不只属于苹果，同时也属于UX。

2007年，在MacWorld大会上，苹果公司的传奇创始人乔布斯发布了第一款iPhone，他称其为"跨越式产品"，并向大家承诺"它会比市面上任何智能手机都要易用"。此后，iPhone用实际表现兑现了这一承诺。这让苹果公司再一次成为世界上最成功的公司之一。而且，智能设备领域的格局就此发生了彻底的改变。

iPhone的过人之处在于，它让当时最卓越的软件和硬件系统实现了完美的协同，以此帮助实现高灵敏度和高精准度的触屏交互，从而取代了传统的基于物理键盘的交互方式。这让iPhone在操作体验上远远优于同时代的任何手机。同时，在各宣传渠道中，苹果公司大力强调要通过提供出色的用户体验来赢得市场成功和用户的认同。苹果店外为购买iPhone而排起的长龙证明，用户对此是十分买账的。

青蛙设计公司（Frog Design）创始人哈特穆特·艾斯林格（Hartmut Esslinger）将苹果公司的顾客称为"追随者"，并指出这些"追随者"对苹果产品的推崇"带有明显的宗教色彩"。我们冷静反思便可发现，在物质如此丰裕的时代，一个公司的产品能激起人们想拥有它的渴望，从表面上看这是对苹果公司及其产品的崇拜，但在本质上，是对体验设计的礼赞。

由于iPhone的一举成功，大约从2009年开始，大量智能设备的软硬件研发活动开始将重心转向对"用户体验"的热切关注。与之相伴的是，"用户体验"这个词毫无悬念地在设计、产品创新等专业领域以及大众领域同时获得了"暴增"式的传播。"用户体验"的时代正式到来了。

第 7 节 UX 概念的沿化

正如在本章第2节和第5节中指出的，从UX概念正式确立起，在设计行业，特别是人机交互领域的设计从业者就普遍认为，UX设计的主要任务，在于解决人机交互中存在的"易用性"问题。尽管一直有学者对该想法的合理性抱有怀疑，但从总体上看，这并没能改变UX行业对这一问题的态度。直到2007年iPhone问世，才开始为更多从业者觉悟到该认知的局限性提供了契机。

尽管iPhone的成功主要归功于它在触屏交互的"易用性"方面所提供的颠覆性体验，但除此之外，也必须注意到iPhone为消费者提供的另外两个重要的体验价值：第一，审美体验。相信经历过第一代iPhone问世的朋友都很难忘记，特别是在其刚上市的1至2年里，不论是对于iPhone的外观造型设计，还是对于其交互界面的设计，来自用户的赞美之声不绝于耳，甚至有不少用户赞叹到"这简直就是一个艺术品"。第二，符号体验。作为苹果公司的代表性产品，iPhone还被成功地打造为一个象征创新、个性、追求极致的文化符号。特别是"粉丝级"的苹果用户，他们对iPhone的这一符号价值的看重，甚至超过了对其功能价值的关注。

在上述体验现象的提醒下，开始有越来越多的从业者与学者意识到，体验的类型是丰富的，"易用性"体验只是其中的一员。为此，应将所有的体验类型都划入到UX这个词的指称范围之内。在今天看来，这显然是对UX概念之认知方式的必要修正。尽管UX行业和学术界至今还没有对UX概念的界定问题给出一绝对的定论性答案，但包括作者在内的大量从业者都认为以下这个界定方式是十分可取的：用户体验，就是用户在使用产品／服务的过程中建立起来的主观感受。其中的"主观感受"，自然指称所有类型的主观感受，即所有类型的体验。

不过，当人们接受了对于UX概念的上述定义时，一个新的问题又出现了：在"主观感受"中，到底都包含哪些类型的"感受"？即，在体验现象中，到底都包含哪些具体的体验类型？

不论是对于UX的实践，还是对于UX的理论建设，这都是一个战略性的重要问题。为什么呢？上面那个对于UX概念的界定，尽管"不为错"，但是却存在着"空虚"的问题。因为它只是指出了UX的外延，却没有呈现UX的内涵——体验现象中所包含的体验类型。如果这一问题不能得到有效解决，那就意味着体验研究与设计的实践对象是模糊不清的。然而直到今天，这也是一个悬而未决的问题。不过在这之中有一件事让人感到有些匪夷所思，那就是到目前为止，该问题似乎还没有引起行业与学界的足够关注。2019年，作者与荷兰代尔夫特理工大学的皮耶特·德斯梅特教授就该问题进行交流时，皮耶特教授说："体验的分类的确是一个非常重要的问题，但并不知道为什么会很少有人关注，这是个很有意思的事情。"

最后，值得注意的是，体验设计的热潮（大约从2010年开始）正式开启后，在科技的快速发展、商业活动的不断升级、消费者需求的变动不居等因素的综合促动下，在接下来的10年里，UX的实践对象持续发生改变。这虽然让很多UX从业者都感觉好像要跟不上步伐，但却为回答"体验现象中包含着哪些体验类型"这一问题提供了重要的启发。为此，邀请读者继续阅读本篇的第二章内容：UX实践重心的转移。

第二章
UX 实践重心的转移

在苹果公司的带动下，大约从2010年开始，体验设计的热潮正式兴起。纵观2010年至今的体验设计史，会发现一个很有意思的现象，那就是在这10年间，体验设计的实践重心在不断发生着转移。其变化速度非常快，似乎每年都会出现一波新的体验设计趋势、挑战和话题。尽管这让很多从业者都感觉到"总是跟不上脚步"，但从积极的角度看，这也客观地表明"用户体验"是一个充满活力的行业。本章将对过往10年中UX实践重心的转移过程进行呈现。

仔细看过目录的读者会发现，本章的内容量几乎占到了第一篇总篇幅的一半，这可能会让大家不由得要思考一个问题：如果选择现在进入UX行业，那么我们面对的必然是当下的UX实践任务。耗费如此大的精力把过往10年的行业情况细数一遍，有这个必要吗？在作者看来，不仅有必要，而且这10年来的UX实践史还很值得我们反复回味。为什么这样说呢？

在UX实践重心的转移过程中，主要包括以下四种情况：第一，不断有新的实践内容加入其中；第二，某些旧有的实践内容变得不再重要，并逐渐被人淡忘；第三，某些旧有的实践内容不断沿化为新的表现形式，并持续被行业所关注；第四，在时间的推移中，由于新鲜感的减弱，某些旧有的实践内容不再受到大家的热切关注，但却由于其重要性而逐渐沉淀为UX实践的底层支撑。因此，掌握过往10年的UX实践史，对于理解当下的UX实践内容将起到怎样的重要作用，已无须赘述。

本章第1节至第11节的内容，将分别对2010年至2021年每一年的UX实践重心的转移情况进行梳理和介绍。

第 1 节 UX 2010

如今，回看2010年，那时所谓的UX工作，其主要工作内容似乎还集中于开展更高质量的网页设计（Web Design）。为了让用户在浏览网页时获得更好的体验，在2010年出现了很多新的网页设计趋势，具有许多共性特征。

一、简洁化设计

在早期，迫于用户的要求与偏好，设计师们不得不在网站中塞入很多装饰性元素及不相关的功能，甚至是一些带有重复信息的页面。但进入2009年后，开始有调研报告表明，用户的需求在发生改变，或者说用户已逐渐变得成熟起来了。具体来说，用户开始更加关注网页的实际价值，并对浏览网页的便捷性提出了迫切要求。比如，每当需要用户在网站上点击得更深一层，他们对该网站的兴趣就会减少一分。

面对这一改变，设计师们意识到应该将"简洁化设计"作为网页设计的首要原则。同时他们还意识到，设计的简洁性并不意味着删除功能或访问信息。即，简洁性的设计并不是减少页面中的元素和内容那么简单，而是要实现"少即是多"的效果。所以，必须通过创造性的设计来整合页面元素，进而交付有价值的用户体验。就像iPhone，是手机设计中的最伟大创新：只用一个按钮，就能让用户实现必要的交互功能，并获得良好的操作体验。

围绕以上思路，在2010年，网页设计领域推陈出新了诸多新的设计方式，其中的主要内容如下。

第一，通过精简访问信息，实现页面数量的大量缩减。第二，将原来由多层级页面负责承载的访问信息进行扁平化处理。即，将这些内容放入一个单页，通过滑块控制来进行滚动浏览。如此一来，就取代了原来笨重的导航设计，减少了所需的点击行为，大大提升了浏览的效率。第三，在页面的布局方式上，通过大量使用余白，让用户感觉到整个网页明了、有序、重点突出，让以前的所有杂乱都一扫而空。第四，通过使用模式框设计，允许用户在浏览网页的过程中随时与站点交互却不打断浏览的体验流。

值得注意的是，可能是因为iPhone的出色"易用性"体验把用户给"惯坏了"，加之诸多科技发展的保驾，大约从2008年开始，越来越多的用户开始明确地表现出一个偏好：希望生活更加便利，且这一偏好延续至今。于是，在今天，"简洁性设计"不仅是界面（UI）设计领域所继续遵循的重要设计准则之一，同时，也几乎适用于对任一产品（服务）领域的体验设计的指导。

二、把文字作为主要设计元素

很多设计师都认为"把文字作为主要设计元素"是"简洁性设计"原则在设计实践中的表现方式之一。在2010年的设计实践里，这一设计趋势的主要体现是：第一，对排版巧妙的精研与运用，继续是网页设计领域所关注的重要问题；第二，大量界面设计开始尝试用大号字和粗体字来提供一种干净利落和清晰明确的信息呈现效果。在很多设计师看来，"这种设计方式有时可能比图像更能吸引人，并能提供一种独特的视觉审美体验。此外，当你真正需要表达某些观点时，与图像相比，用言语来表达往往是更好的方式，甚至是唯一的有效方式。"

三、让每个网站都有手机版本

由于大屏幕智能手机时代的到来，在手机上浏览网页已经成为必然的趋势。而且，根据相关行业统计，到2016年为止，手机网页的浏览数量超过了台式机。但在2010年，大部分网页还没有提供专门针对手机屏幕尺寸的页面排版。因此，在手机上打开网页时，文字通常很小，而且需要用双指去放大，抑或是会出现其他的显示问题，从而带来并不是很好的浏览体验。这为网站开发提出了一个新的任务：所有网站都应根据浏览设备自动调整页面排版的格式，其中包括页面元素的布局方式及字号和图片的大小。为此，针对不同浏览设备的页面适配设计以及响应式网页程序设计，成了网页设计工作中的两个新的工作内容。

第 2 节　UX 2011

　　除延续2010年的"简洁化设计"趋势外，在2011年中，还出现了一些新的体验设计取向。

一、"手势交互"成为新的设计热点

　　由于手势识别技术的发展，加上交互设计领域对"自然界面设计"的兴趣逐渐深入及新的交互场景与任务的出现，从2011年开始，手势识别开始受到人机交互领域的热切关注。根据对相关企业的观察，作者猜测，在2011年，或是此后的不久，当然也可能是在早于2011年的时候，包括宝马（BMW）在内的一些公司就已经开始着手在手势识别方面的战略部署。如果一定要以浮出水面的事件为依据的话，至少从2014年开始，我们就已经看到宝马公司开始和一些高校合作，开展了基于手势识别技术的车载交互设计研究。

　　值得注意的是，先不论设计水准的问题，至少在认知水平这一层面，在2011年，设计行业对于基于手势识别的交互设计的认识还不够成熟。其表现之一是，有不少设计师把这种交互方式当作是吸引用户的手段，而忽视了其在功能层面的真正目的，大有一种为手势识别而做手势识别的意思。即便是宝马公司，也很难说是不是受到了这种不成熟思想的影响（当然，尽管不算多，但还是有某些用户对未必实用的手势识别功能买账的，因为能让坐在副驾的人感觉自己的车很酷）。然而从实际情况看，宝马在2016年出品了带有手势识别功能的汽车产品后，有不少用户反映这个功能不够实用。直到今天，"手势识别所适用的应用场景到底有哪些"，作为一个重要的基础性问题，仍未获得圆满的回答。

二、关于"云服务"的体验设计开始进入 UX 的视野

　　如今，云服务已经趋近成熟。借助这种服务，可以在任何设备上访问用户的所有信息。比如在iPad上，浏览在台式机上的YouTube观看历史。类似的应用行为如今已是司空见惯了。而在2011年，云服务才刚刚出现。在体验设计的热潮刚刚兴起不久的背景下，如何让用户在相关操作中获得较好的交互体验，顺理成章地受到了UX从业者的广泛关注。

三、App 研发竞争加剧

　　在2011年，就有App研发者已经明显感觉到了竞争的压力，并开始抱怨"做App盈利越来越难"。因为当时，苹果应用商店已经有了超过3万个应用，而且新上线的App数量还在快速增长。为了应对这一竞争，除了保证基本功能和内容的高质量，开发者不得不更加重视如何为用户提供更好的体验，从而

让自己的App脱颖而出。甚至要开始思考如何借助创造性的营销技巧来超越竞争对手。但要想做到以上的任何一点，似乎都不是很容易。一直以来，用户们都有一个感觉："App的数量虽然很多，但真正很好用的App却没有几个。"

第3节　UX 2012

2012年以前的一些设计热点获得了"深耕性"的成长，比如，"响应式设计"在技术开发和设计模式两个方面都变得更加成熟；对于基于手势识别的交互设计研究在稳步推进；"简洁化设计"表现出了令人瞩目的再进化。除此之外，2012年还涌现出了一些关于体验设计的新趋势与新话题。

一、"简洁化设计"的再进化

由于有助于提升"易用性"体验的同时还能输出出色的审美价值，在2012年，"简洁化设计"继续受到网页设计领域欢迎，而且还被冠以了一个更为专业和高大上的名字："极简主义设计"。更为值得注意的是，人的审美需求中总是存在着求新的动因，即对新鲜感的期许，这就决定了设计不可能是一成不变的。为了迎合用户的这种期许，在2012年，"极简主义设计"在保持"简约基调"的同时，开始演绎出各种"新的玩法"，以此来为人们提供新的审美刺激。当然，这也为设计师实现自我表达与释放提供了绝佳的机会。其中，最受关注的"新玩法"包括以下几个方面。

1. 大胆的颜色运用

从2012年开始，有设计师开始借助大胆的颜色运用，来为用户提供一种新的视觉审美体验。其具体的运用方式主要体现为以下两种：第一，让大面积的颜色进行柔和渐变；第二，借助大面积的明快颜色来布局页面。从设计手法上看，有很多设计师认为这是"简洁化设计"原则的一种具体实现方式。

2. 颜色与肌理的复兴

在过去的几年里，极简设计风格一直是非常流行的，设计师和用户都很欣赏干净利落的设计和大量的余白。但是从2012年开始，人们似乎开始感觉到一味的极简所带来的无味。于是，丰富颜色的运用和细腻的纹理运用开始受到大家的欢迎。有设计师称其为颜色与肌理的复兴或再流行。当然，这仍然是以保持"简约风格"的总体基调为前提的。

3. 引入情感化设计

即便是在2012年，情感化设计也并不是一个新鲜的概念。在此前的网页设计中，也并非没有能展现情感化设计的案例。但是从2012年开始，有相当数量的设计师强调"情感化设计"是用以吸引用户的重要手段。他们指出，无论用户自己是否能意识到这一点，人们在浏览网站时总是在获得着双重的体验：第一，是左脑对网站的实用性价值做出判断；第二，就是右脑对网站所能提供的情感体验做出判断。于是，除了保证网页中交互功能的齐全、访问信息的质量、载入的速度，万万不可忽视必要的情感化设计工作。比如，让用户感觉到浏览是安全没有风险的，该网站是能够被信任的，浏览的过程是舒适的，能够感觉到在和网站的作者进行沟通，由设计风格和用色等因素所构成的视觉气氛能让人感觉喜欢等。

二、增强现实的起航

关于增强现实的技术开发早已有之，但是直到2012年，才开始较多地受到人机交互及相关商业领域的关注。这可能是由于受到了iPhone、手势识别、虚拟现实的发展的启发及发现了新的任务场景的缘故。总之，从2012年起，逐渐有越来越多的人开始思考：增强现实是否能让生活变得更美好？与虚拟现实相比，它的优势是什么？与此同时，基于增强现实的交互体验问题，也开始受到UX行业的关注。

不过，基于增强现实的交互设计发展得并不是很快。到目前为止，主要的探索多集中于以下领域：车载交互、医疗操作、工业维修与设计研究。但这些探索大多还处于概念性的论证阶段。基于增强现实的美好生活到底应该是怎么样的？直到今天，还没有一个特别确切的答案。

三、好的 UX 设计师"一将难求"

随着UX概念的继续传播及用户市场对优秀体验的需求持续增加，在2012年，越来越多的雇主希望自己的设计师能够紧跟UX的发展步伐。但真正具备扎实的UX技能、能让企业跟上用户的真实期望的设计师，却是一将难求。

具体来看，雇主希望设计师具备丰富的项目经验，能开展深入的设计思考，能够对用户的新期望做出敏感的响应，并用出色的体验留住那些缺乏耐心的用户。同时希望设计师能让设计工作恰如其分地融入企业的业务诉求中，并且能够将设计方案清楚地传达给不具有设计背景知识的其他岗位的工作人员，并能与他们无缝地沟通与合作。

此外，雇主们还发现，具备设计组织才能的"领导型"设计师更是稀缺人才。雇主们对这样的设计师的期望是：能够通过用户研究来提供产品方向，指出产品策略，推动企业创新，并借助合理的UX设计流程帮助企业规避因创新失败而带来的经营风险。

值得一提的是，直到今天，上述要求仍能算得上是对一名UX从业者的高标准期望。

四、"个人管理"产品成为 UX 设计的新热点

个人生物识别技术和数字化行为分析技术的发展，使得消费者谨慎地跟踪自己的数据并在此基础上更有效地管理自己的生活成了可能。在这一背景下，在2012年，智能手环、智能项圈等个人管理设备开始大量出现，并形成了一个新的产品群落。与之相关的产品体验设计与服务体验设计，自然也成了UX行业关注的新焦点。

五、2012：Banner 设计年

Banner，即网页中的横幅广告（Banner Ad.），又称旗帜广告，它是横跨于网页上的矩形公告牌，当用户点击这些横幅的时候，通常可以链接到广告主的网页。其是网络广告最早采用的形式，也是那时最常见的形式。在2012年之前，这种横幅广告就已经出现。不过，从2012年起，Banner的视觉体验设计开始受到大量设计师及网络公司的特别重视。为此，很多设计师把2012年称为"a Banner Year"。此外，在此后的好多年，Banner设计都是大量主流UI设计职位入职考试的重要内容，并且是UI设计培训的重点教学内容。

六、对"易用性"设计的再认识

在相当长的一段时间，绝大多数产品开发团队都认为，"易用性"设计（Usability Design，也有很多从业者称之为"可用性"设计）就是在产品开发周期结束时对产品原型进行易用性测试。然而，这种想法不仅让"易用性"设计在整个产品研发流程中变得边缘化，也忽视了"易用性"设计对于产品创新所具有的战略性意义。

但从2012年开始，有一定数量的设计师对此问题做出了有效的反思。他们认为："企业应该鼓励负责'易用性'设计的部门将不同部门的团队对用户体验的了解进行集中和有效的组织，并将其变为整个企业的共识，即共享的理解。进而，帮助整个组织形成用以吸引客户的有效产品策略，以此让企业从中受益。不过，要做到这一点的前提是，必须让设计工作置于企业发展的前沿位置，而不是滞后或边缘的位置。"

值得注意的是，在这时，给出上述观点的从业者似乎还是在把"易用性"设计等同于产品设计或是体验设计，至少是把"易用性"设计认为是产品设计（体验设计）的主要工作内容。在第一章中已经提及过，这一观念起源于早期交互设计领域。而直到2012年，这种观念仍在产品创新（体验创新）领域中大量地延续着。

七、谷歌眼镜为大家开启了新的想象空间

谷歌眼镜（Google Project Glass）是由谷歌公司于2012年4月发布的一款"拓展现实"眼镜，它具有和智能手机一样的功能，可以通过声音控制拍照、视频通话和辨明方向，也可以上网冲浪、处理文字信息和电子邮件等。谷歌眼镜的主要结构包括在眼镜前方悬置的一台摄像头和一个位于镜框右侧的宽条状的电脑处理器装置。配备的摄像头像素为500万，可拍摄规格为720P的视频。由于种种原因，2015年1月19日，谷歌停止了谷歌眼镜的"探索者"项目。不过谷歌的这一创新举措，在很大程度上开启了人们对新的人机交互方式的想象空间。

第 4 节　UX 2013

从设计行业来看，2013年是体验设计又一个疯狂增长的年份。随着基于移动通信技术的新生活模态对世界的变革，各地区之间、组织之间、人与人之间及人与各种组织之间的连接迅速增加。与之相伴的是，用户比以往任何时候都更加期待生活的便利，且这种期待也比以往任何时候都表现出更大程度的复杂性。于是，这使得"易用性"设计继续成为体验设计的关注焦点。除此之外，本节将继续介绍2013年更多的UX设计新趋势。

一、"极简主义"设计的再进化

在2013年，"极简主义"设计原则继续引领着网页设计的潮流。此外，设计师们还进一步总结出基于"极简主义"的具体设计指导原则：第一，简洁，即保证简约的视觉气氛；第二，美观，即能提供足够的审美体验；第三，有趣，即使是无聊的操作，也让它变得有趣；第四，吸引力，即简约并不等于简单，而是要综合调动各种设计策略，让网页能够吸引用户去浏览；第五，高效，即最大限度为用户浏览网页提供便利性体验。总结来说，评价一个好网页设计的标准就是让用户感觉美观、流畅、简洁，并能够快速实现浏览的目的。

值得注意的是，为了吸引用户，"由用户控制的滚动动画"在2013年开始流行起来。这种动画的具体表现方式是，当用户向下或向上滚动网页时，网页上就会有相应的动画同步播放，你动它就动，你停它也停。特别是在这种动画刚刚出现的时候，用户普遍感觉这太酷了。它让像"滚动"这样无聊的东西也变得有趣起来。有调查表明，这不仅能更为有效地吸引用户浏览网页，还能提高浏览者对网页做出回应的概率，比如留言和提交个人信息等。不过也有专家表示，这种动画会耗费用户更多的视觉认知能力，甚至是损伤视力，特别是当快速滚动网页的时候。

二、响应式设计的再进化

通过前三节的内容，相信大家已经感受到了以下规律：人们所使用的浏览设备变得越多，响应式设计就越能成为热门话题。从2013年开始，一件值得注意的事情是，拥有移动业务的不再只是大品牌的企业。随着消费者市场的流动性越来越强，包括小型企业甚至是个人都开始搭建移动式的运营业务。而且他们中大多数同样明确地意识到："我的网站必须更精简、更精明才能跟上时代的步伐。"因此，他们都需要为其移动业务提供响应式的解决方案。于是，这使得响应式网站设计与开发的任务量大幅增加。

三、对网页设计师的再认知

在2013年，很多网页设计师开始意识到，除了网页设计本身（交互与视觉设计），自己还要承担一些其他的角色：第一，要懂一定的开发，即要做一名能够兼具设计与技术实现的设计师；第二，包括品牌体验在内，能对网页所提供给用户的综合性体验负责；第三，要懂一定的运营；第四，对用户增长负责；第五，需要更好的人际沟通能力，要能与其他设计师和非设计岗位的工作者无缝合作；第六，具备出色的方案展示能力，其中包括讲一个生动的故事和制作精良的PPT，以及演示视频的能力；第七，能够成为一位专业的访谈者，掌握编制问卷的技能，具备基础的心理咨询师的技能。

很显然，这意味着UX行业的进一步发展，只不过是以让UI变得更加UX化为具体的表现方式。此外，这还为后来的UI／UX岗位的出现埋下了伏笔。并没有资料能让我们明确指出UI／UX岗位具体是从什么时候开始出现的，但通过与设计从业者的交流可以知道，到2016年，UI／UX对于设计从业者就已经成为一个极为熟悉的概念了。

四、游戏化设计的兴起

2013年，开始有人提到游戏化设计的重要性。他们认为，使用游戏化的设计元素，有助于在竞争中吸引用户的注意，并提高用户的参与度。在随后的两年里，游戏化设计的势头都很猛，出现了很多游戏化设计的好例子。特别是登录界面的设计，以及在需要用户确认信息等可能会让用户产生厌烦情绪的地方所进行的游戏化设计。

五、扁平化设计风潮来袭

前几年，Android和Windows Phone就已经开始采用扁平化的图形设计风格来进行界面设计。然而，只有在北京时间2013年9月11日凌晨苹果发布了基于扁平设计风格的iOS7之后，扁平化设计才成为人们议论的焦点，并开始引领整个设计潮流。由此，不得不再次赞叹苹果公司的品牌号召力及其创新设计的实力。iOS7并不是照抄Android和Windows Phone的扁平化设计，而是基于扁平设计的核心价值，推出了在实用价值和视觉吸引力上均更为优化的设计。

具体来看，在iOS7中苹果对颜色的处理非常有趣。它依赖于形状和大胆的颜色运用来创建完美的视觉引导。比如，动作按钮总是有颜色的，这样用户的眼睛就能很容易地识别出屏幕的哪个部分会对交互动作做出反应。与苹果之前基于"拟物风格"的界面设计相比，新的扁平化设计大量减少了与操作目的无关的细节性视觉信息，苹果认为这是拖累操作行为的噪音。这些噪音会与内容竞争，它的唯一价值就是在说"看着我，我很酷很花哨"。苹果认为，设计应该是建立在内容之上的。如果一个应用程序是关于照片的，那就应该让照片起主要作用，而不是漂亮的视觉装饰，电子邮件等其他任何应用程序的设计都是一样。不过，细心的用户会发现，苹果似乎没有完全抛弃"拟物"，其具体表现是新的图形设计在某些细节设计的处理上仍然会参考现实世界。

从总体效果上看，苹果的扁平设计既帮助了人机交互效率的提升，同时还提供了独特且简洁明快的美感。其对设计潮流产生的影响之大，让大家甚至到了2017年都还经常把"扁平化设计"这个词挂在嘴边。

此外，对于专业的设计人士，iOS7背后的故事同样值得关注。

苹果曾经采用的界面设计风格是"拟物设计",即它的界面元素是模拟现实的。比如,在指南针App的界面上,有模拟玻璃和金属纹理的细节设计。对于早期的iPhone用户,这是再熟悉不过的。由于苹果的这种"拟物设计"获得了众多用户的喜爱与认同,以至于其竞争对手Android和Windows Phone不得不以其他设计方式以示区分,这也就是扁平化设计。后来苹果意识到,尽管"拟物设计"很独特,但在实用性方面,竞争对手的扁平化设计更有创新意义:"它留下了界面真正有价值的东西,从而能帮助用户更好地聚焦于内容。"所以苹果不得不向扁平化发展,而且是更进一步地发展。

然而在iOS7刚刚发布后,很多讨论都是负面的,为数众多的苹果粉丝为之流泪,并发誓"再也不用苹果了,因为那已经不是我认识的苹果"。即使是对于扁平化设计本身,都是既有很多强烈的支持,也有很多强烈的反对。不过很多资深设计师认为,就像让用户接受"拟物"一样,这是苹果对用户进行的重新"教育"。后来的事实已经清楚地证明,在与智能手机的交互行为中,确实不需要使用那么多的视觉信息和细节,因此用户慢慢就会习惯和喜欢上扁平化的iOS。而且,苹果还让设计从业者认识到,这并不是要为了功能而舍弃美感与吸引力,我们需要的是善于平衡各种体验因素,且能够为扁平化的界面带来活力与灵魂的真正的UX专家。

六、需要适应快速的产品变化

2013年,人们开始明显感觉到世界的变化速度更快了,每年都有新产品和新软件出现。在2012年,智能手环对于人们还是很新鲜的。到了2013年,人们已经将注意力转移到对智能手表的关注。与此同时,许多公司还在开发其他的新式电子产品。比如,新式POS机,以及更多的无触摸式交互硬件。由此看来,在此时,似乎已经有很多走在时代前沿的企业开始清楚地意识到,人类的身体有很多与世界互动的方式。这暗示着在未来可能会诞生很多新式的设备。于是,作为设计师和开发人员,就不得不以积极的态度来应对这种变化,不断探索更有效的创造方法,针对新的交互方式为用户打造良好的使用体验。同时,也需要不断从这些面世的新式产品中获取自己的创新灵感。

七、创新的主体在发生改变

在过去,引领创新的主要是大型科技公司。但由于其许多开放工具对小型开发团队及个人都是开放的,这让我们看到了后者为世界所带来的一些惊人的创造。在2013年,我们就经常可以看到小型团队正在与大公司竞争,并在很多时候比大公司做得更好。

小型团队经常乐于针对某个垂直领域的硬件和软件产品创建出新的和更优的解决方案,从而提供更好的产品体验。比如,Photoshop是一个体量巨大的综合性图形图像处理软件。这决定了Photoshop不可能为每一种独特的视觉设计工作(如书籍设计、Banner设计、界面设计)提供极致专业化的支持。这就为小型团队留出了生存的空间。一个只有两个人组成的团队针对界面设计工作,使用开源的工具创建了专门用于应对界面设计任务的专业性软件Sketch。像这样的小型团队开始被像苹果、谷歌和雅虎这样的大公司疯狂收购。这证明了一件事，只要把正确的工具交给正确的人，就可能有不可思议的事情发生。在世界上这样的人才实在太多了。因此，我们已经很难确定下一个重大的创新是否一定会来自大型公司。

八、对于"个人管理"产品的再认知

个人管理产品出现后，人们可以根据手环的数字反馈来调整自己的生活，这真是一项了不起的成就。因为UX的行内人都知道，能否对用户的身体行为做出改变是体验设计师所要应对的十分困难的挑战之一。根据个人管理产品的市场表现以及部分用户调研，在2013年基本可以确认一个事实，在能够保护个人隐私的前提下，有相当部分的消费者认为对个人数据的跟踪是一种很好的体验。因为它让人们更加了解自己，也让更多的人意识到该如何使用数据，并在事实上也帮助了一些人实现了个人目标。

据此，很多产品创新工作者都认为，在将来，或许可以借助个人管理产品来监测一个人生活的多个方面。比如，监控工作与生活平衡、工作效率、孩子做作业与看电视的时间，甚至可以靠检测体征数据来挽救一个人的生命。但同时，也有人提出质疑，认为这并不是一件绝对美好的事情。他们经常警告人们的是：其中的危险在于，除了自己以外还有谁能掌握个人信息？他们利用这些信息能做什么？这里面是否包括能够对个人造成某种伤害的事情？

九、新技术的出现

每一项新技术的出现，都意味着一个新的产品品类的出现，这也意味着UX又会多一个用武之地。在2013年，下面介绍的新技术的出现受到了产品创新领域的关注。

首先，是物联网技术。以我们今天的认知，对于什么是物联网，已经无须赘述。在2013年，基于蓝牙技术实现智能手机与车载计算机系统的连接、互动，蓝牙开始迅速成为汽车的标配功能。同样的技术也使控制诸如家庭温度控制系统（智能恒温器）、安全系统，甚至灯泡等成为可能。在那时，相关的产品研发者就意识到这既有好的方面，也有不好的方面。从好的方面来说，它应该会让生活更加便利。比如，把双手放在方向盘上就能控制手机，会让驾驶更安全。再比如，我们可以借助手机对家里的电器进行远程控制，在到家之前就可以开启空调或让烤箱开始准备晚餐。而不利的一面是，网络连接越多，存在黑客、欺诈和其他安全威胁的可能性就越大。还有，是否家人都愿意接受这种交互方式，也是一个需要考虑的问题。

其次，是室内导航技术。这可以说是一个令人兴奋的技术。因为它可能完全改变我们与周围事物的交互方式，也将增强我们掌控这些事物的能力。通过对室内导航技术的应用，苹果公司再次表明了其以让消费者能接触到先进的技术而自豪。在2013年，苹果悄然发布的iBeacon已经在数百万移动设备上运行，借助它可以识别到其他iOS设备和蓝牙信号。此后的几年里，产品创新领域一直在为该技术寻找新的应用场景而进行努力的思考与尝试。

十、重新定义汽车

2013年，特斯拉（Tesla Motors）的股价市值上涨了350%，可谓是增长势头强劲。就像大家都能感觉到的那样，特斯拉在用一种全新的方式定义电动汽车及电动汽车的生产。比如，汽车可以全天候与互联网连接；可以通过无线方式随时在线升级软件版本并改善相关的性能；可以以模块化的方式制造汽车的每一个零部件，然后再在位于硅谷的工厂里进行组装。特斯拉为客户提供在线订购、自助选择车型和车身颜色的全新购买体验。用户能够明显感觉到，特斯拉在用制造电脑或智能手机的思维方式制造汽车。而这似乎恰好迎合了当代年轻消费者的偏好。有研究报告表明，年轻一代消费者中的很多人，更在乎他们是不是可以在车内接入智能手机、iPad、iPod，而发动机的动力表现则成了次要因素。与此同时，苹果以及谷歌都在竞相为新一代的智能汽车开发提供基础的操作系统。

第5节 UX 2014

2014年，由于iOS7的促动，扁平化设计风潮正式开启。直到2016年，扁平化设计仍然是UI设计领域的热词，"简洁化设计"继续主导视觉设计（特别是UI设计）的基本风格。人们在继续为物联网等新出现的技术寻找有效的应用场景，个人管理产品继续受到市场的青睐，移动设备的使用占比继续增长。根据康姆斯科（ComScore）公司的报告，截止到2014年，智能手机和平板电脑加起来占据了人们在数字媒体上花费总时间的60%。这进一步说明了人们对于移动数字生活的接受度的提高。其中，网上购物与学习在使用占比中表现出显著的提升。除此之外，UX实践在2014年表现出的新动向还包括以下几个方面。

一、"简化界面功能"成为热点设计任务

2014年，由于移动应用场景的持续增长，对于面向移动设备的小尺寸屏幕UI设计，简化功能成为交互设计的重要议题。所谓简化功能，即在有限大小的屏幕内，只保留最核心（对产品具有本质性意义）的功能，其他琐碎的功能都剔除掉。在这一年中，设计师们还发现，一旦一个面向小尺寸屏幕的"简约功能版"UI设计好以后，将它扩充成电脑端的大屏幕版本是很容易的。

二、认识到 DSIC 模式的价值

所谓DSIC模式，即"Device + Software + Internet + Content"。其实在很早以前，苹果就开始采用这样的产品线策略。比如，推出iPod的同时还发布了iTunes。只是从2014年起，才开始有大量相关企业醒悟到，只单独通过一个智能手机应用来为消费者增加使用价值的机会非常有限。如果想要为消费者提供具有竞争力的用户体验，就必须要打出组合拳才能奏效，即"设备+软件+网络+内容"

（DSIC）。当然，其中的一个要点问题是，必须保证软硬件之间的平稳和统一。

三、智能手表成为新的 UX 设计热点

与传统手表相比，智能手表的功能已经不仅是显示时间与日期，还包括浏览网页、使用社交媒体，以及与手机相连接来追踪用户数据。从2013年底开始，智能手表就已经开始变得琳琅满目。而到了2014年，面向智能手表的UI设计及相关的体验设计则开始成为UX设计一个新的热点话题。

四、智能家居潮流开始抬头

2014年，所有产品和设备都能接入互联网已经不再是新概念。事实上，"无所不在（Ubiquitas）"作为一个科技概念早在2000年就被提出来了。当时许多日本制造商为电视或者冰箱添加了这一功能，让用户可以无论在任何地方都能控制这些设备。但即便是现在，想要全方位地应用这个概念，基础性的通信设施建设仍然无法满足需要。不过，在2013年就有不少产品案例证明，基于家庭WiFi和智能手机，我们至少可以好好享受应用于家庭环境中的智能化设备接入。从2014年开始，陆续有大型企业集团（如小米、京东）开始介入这一领域，这让"智能之家"概念进一步被市场所认知。同时，如何为智能家居提供良好的用户体验，成了一个新的UX设计热点话题。

五、对可穿戴体验的再认识

2014年，很多设计从业者对可穿戴设备的研发进行了反思。他们中的很多人认为，对于像谷歌眼镜这样的可穿戴设备，最重要的用户体验元素不是其中的技术成分，而是当人们佩戴着它的时候看起来如何。无论这个技术多么酷炫，如果戴着它看起来有些不自然，那就没有人会为此买单。

然而，直到2014年，除了智能手环和智能手表，我们也没有看到多少可穿戴设备能够让人们真的特别愿意戴上它们。尤其是智能眼镜或者护目镜这类设备的前景，都很堪忧。因此，截止到那时，并没有人认为可穿戴设备会成为未来生活方式的一部分。直到2021年本书截稿时，这一情况也没有发生什么新的变化。

六、注重视频展示

从2014年开始，有大量设计师和企业开始对用视频来展示自己的产品设计方案或产品特性表现出极大的兴趣。他们认为，与其他展示方式相比，通过动态的影像（如视频、短片或是动画）来解释和描述一件新产品是更好的选择。他们还意识到，在影像中，需要着力表达和描述产品将会如何改善用户的生活（即用户可能收获到的体验是怎样的），并且给出一些实际的使用场景，以达到让用户产生共鸣的目的。直到今天，制作出色的影像展示短片，仍是UX岗位非常希望UXer所能掌握的一项重要技能。

七、"图像式"沟通偏好日渐形成

很难说具体是从何时起（也许是2012年，或是2013年），开始有越来越多的人在WhatsApp或LINE这样的聊天工具上更愿意使用表情符号、动图等图像元素来进行表达与沟通。据调查，这倒并不是因为打字麻烦或是费时，而是用户希望通过这种直观的符号来表达更真实的感受，并能准确区分不同感情的微妙差异，又或者是想隐晦地表达某种信息，且以微妙的方式隐藏起某些信息，以达到自我保护的目的。

很显然，这为UX设计提出了一个新的课题：如何能迎合用户的这一偏好，帮助用户更有效地进行"图像式"的表达与沟通。同时，这也是一个值得深入研究的社会学问题。也许可以通过对人们的这种沟通行为所产生的数据进行分析，更为有效地掌握其内心的动向与期望。

八、"卡片式"设计的流行

如图2-1所示，就是"卡片式"设计。相当数量的设计师认为，卡片式设计的最美妙之处在于，这些小体量的信息块可以根据用户的偏好、设备类型和屏幕大小、用户的位置或一天中的时间，以新颖的方式组合和呈现出来。这种基于卡片的设计在2014年变得非常流行，在推特（Twitter）、脸书（Facebook）、照片墙（Instagram）等社交媒体上被广泛应用。这一趋势既反映了移动设备（即小尺寸屏幕）的使用持续增加，也反映了人们对消费小型模块化信息的偏好与需求的增加。

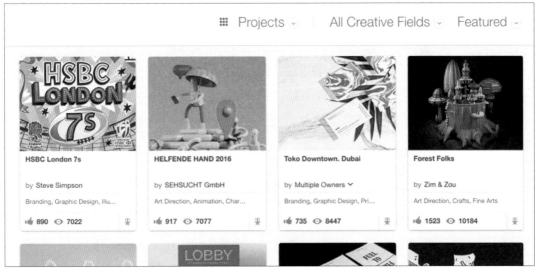

图2-1 "卡片式"设计

九、"多设备应用"的新场景

在过去的几年里，"多设备应用"（一个人使用1台以上电子设备，并要求这些设备协同工作）一直在快速发展。而到了2014年，已经进入了"设备不可知论"的时代，平板电脑、电话、电视、电器、台式机、笔记本、可穿戴设备，用户会在何时使用什么设备，完全无法预测。因此，好的应用程序应将信息发送到各种设备，且云同步，并允许用户随时接入他们正在使用的信息。尼尔森公司发布的2014年美国数字消费者报告显示，美国人平均每人拥有4台数字设备，每周花费60个小时。此外，佛罗斯特研究（Forrester Research）的调研显示，拥有多台设备的用户中90%的人会在一台设备上开始一项任务，而在另一台设备上完成它。而且，有超过50%的用户报告说，他们在看电视节目时同时会使用多台设备进行"互补性"活动，比如发短信或发推特。与之相伴的是，如何让用户的任务与活动在不同设备之间进行无缝的运行，成为一个重要的UX设计话题。

第6节　UX 2015

有不少UX从业者都同意，2015年是UX的一个"更大年"（A Bigger Year for Experience design）。随着体验设计的发展，其越来越深入到产品、服务、组织和与之交互的人的生活中。如果说在2010年，UX还只是个能吸引注意的热词，那在2015年，可以说大家早已对这种论调习以为常："对于UX的发展，如果说哪一年不是'大年'，那就一定是更为高歌猛进的一年。"总而言之，UX在连年地发展着。即便是在2021年本书截稿时，这个势头也继续（当然，未必是以高喊UX为具体的表现形式）。而且从业者们普遍认为会一直持续下去（因为，从最底层的逻辑上看，UX确实可以对产品的市场表现给予最完整的解释，并负起整体责任——"一切皆体验"）。只不过可能有一天大家不会再为UX这个词而感到兴奋，因为，根据体验经济的逻辑（见第一章），UX必然会成为日常商业活动的一个再正常不过的组成部分。

除对2014年UX实践内容的延续，在2015年，UX实践所表现出的新动向包括以下几个方面。

一、一个新话题：Slippy UX（体验的顺畅性问题）

此前，关于如何创建具有出色"黏性"的用户体验（Sticky UX），即如何吸引用户对产品持续感兴趣从而让他们愿意回来获取更多的体验，一直是UX领域关注的热点话题。而且"黏性"一直被认为是非常令人满意的设计的重要特征之一。相应地，能否让产品具有"黏性"，更是证明一位体验设计师是否具有才华的标准之一（当然，在2021年的今天，这是有争议的）。

然而，在2015年，UX从业者开始注意到另外一个可能是更为重要的问题，那就是如何创建出具有出色"流畅性"体验的产品，西方称之为Slippy UX。青蛙设计公司的助理创意总监杰克·祖柯夫斯基

（Jake Zukowski，Slippy UX一词的创造者）明确地指出，在吸引用户的同时，能否不去打扰用户正常、自然的生活行为，是体验设计的另一个重要问题。他的意思似乎是，在此前大家经常忽视了这一点。比如，我们为汽车设计了一款炫酷的数字体验驾驶舱，里面有超大尺寸的屏幕，车窗都可用于数字现实和触屏交互，还有色彩绚丽的氛围灯。尽管这能让用户眼前一亮，但问题是，在享受这种体验的同时，常规的驾驶行为能否照常运行，特别是在某些极端情况下会不会影响司机和乘客的安全？

又比如，我们可以为家里添设各种智能家居产品，提供丰富的交互功能。但要注意的是，这是否还能保证常规的生活状态不被打扰，且不带来任何负面效应。在杰克·祖柯夫斯基看来，一个真正成功的智能家居产品甚至应该是在人们看不见的情况下运行。对于可穿戴设备的体验设计必然也会遇到类似的问题。比如，当人们佩戴这些设备时，是否还能以自然的方式与世界接触，而不是时刻感觉在被打扰，或是有其他的不舒适感。

这类问题，就是Slippy UX概念所重点关切的。

二、传统意义的网页设计走向没落

大约从2014年开始，网页设计的模式与套路已日趋成熟和固定，设计组件越来越丰富、完善，高质量的网页模板随处可见，而且随着人工智能的不断成熟与介入，自助网站设计的效率变得越来越高。再加上好的营销型网站的建立越来越依赖于对搜索引擎优化技术和社交媒体的有效运用，于是"定制"设计的价值不仅不再明显，反而还可能出现不符合标准的问题。这导致在2015年，人们开始明显感觉到传统意义上的网页设计工作（以视觉和交互设计为主要内容的网页设计工作）越来越被边缘化。

那么，作为网页设计师，该怎么办呢？一条可行的出路是：第一，把注意力转移到尚未解决的问题上，比如，避免信息超载、消除用户的不安全感、提升友好体验等；第二，既然像那些从海量信息中提取意义和相关性的程式化工作势必要被人工智能接手，那设计师不妨专注于人类所擅长的事情——成为讲故事和创造感觉（体验）的专家。

三、体验设计的竞争加剧

有调研报告指出，在苹果公司的带动下，自2007年以来，全球商业领域的平均客户体验质量一直在全面上升。而到了2015年，市场已经开始要求体验设计要从优秀走向卓越。即，只有卓越的体验才能脱颖而出。在这一竞争压力下，很多聪明且勤奋的用研团队开始努力搜集和使用来自不同来源的客户数据来研究用户的行为与期望，比如社交平台、活动管理平台、移动应用程序和忠诚度计划所提供的反馈报告，他们努力打破常规、加快创新，积极为用户提供个性化的定制体验。此外，从2014年开始，大家就看到已经有企业开始将战场转移到新的领域：情感体验设计。而到了2015年，大家则更加明确地认识到，情感体验比轻松体验或有效体验（可用+易用体验）更能影响顾客的忠诚度。因此，在这一年里，大企业重金收购擅长提供情感体验的设计团队（如Continuum、Livework、Adaptive Path等公司）的案例屡见不鲜。

四、数字与物理体验的整合

随着物联网的兴起，在2015年，开始有从业者指出："我们正在向这样一个世界过渡：数字体验和物理体验之间的界限已经模糊。在这个世界里，实体产品会被期望能够提供数字体验（如信息体验）。"但回顾2014年就会发现，数字体验和实体体验之间经常存在令人沮丧的脱节。以一家家具公司为例，当你坐在店里的沙发上花费时间来浏览该公司网站时，它并没有给你任何回报（无论是商品的布局、商品的陈列，还是商品的标识）。显然，在这个案例里，品牌的实体体验和数字体验之间没有交流，是脱节的。

以人们今天对UX实践的认知看，一方面，要想让数字体验和物理体验之间形成良好的连接，一个最基本的前提是，必须努力去掌握用户在情境中的切实需要，这是一切后续的体验设计工作的基础。

另一方面，要想提供好的体验，必须有相应的技术给予完美的配合。还是以室内环境的数字与物理体验的整合为例。为了能够向用户提供更具实用价值的信息，从2014年开始，就有团队开始探索如何通过小型蓝牙传感器（信标）与智能手机的连接与交互，来构建室内导航系统。因此，必须将用户与室内特定的地点和对象联系起来。这一技术在2015年已基本成熟，并还在不断升级。比如，结合磁场信号、Wi-Fi信号和光线信号等多种信道来让该系统变得更加灵敏、智慧。

五、UX 开始走入商业决策

到了2015年，有人开始较为深刻地认识到：第一，用户体验，是让某产品在众多竞品中脱颖而出的关键因素；第二，若想成功地执行体验策略，让用户体验的价值得到最大程度的发挥，就必须用体验思维来影响组织中的业务链条和产品决策者，从而能够用体验思维来影响产品的创造，甚至以某种体验价值或理念来影响社会。可能正是基于上述认识，在2015年发生了很多变化：第一，有许多具备体验设计能力的公司被大公司收购，同时，用户体验岗位的招聘热潮也席卷了很多行业；第二，在一些公司内部，高级用户体验人员被聘为董事、副总裁和其他有影响力的职位；第三，我们看到企业里越来越多的部门开始推广基于"设计思维"的工作方式（这是开展UX实践和引入UX思维的重要表现）。

如果问用户体验到底是从何时、在什么领域开始成为商业策略的重要组成部分，由于难以找到确切的史料，因此这必然是个有争议的问题。但可以肯定的是，在2015年，对于制定更为有效的商业模式和战略而言，人们对用户体验的重视程度达到了前所未有的高度。

六、"响应式"设计的新理念

自iPhone问世后，移动设备和多设备协同使用的占比持续激增，这使得响应式设计必然成为界面设计的大势所趋。到了2015年，响应式设计已基本成为网站设计的规范，而不再是一个让人感到新鲜的概念。但与此同时，设计行业也对响应式设计给予了进一步的思考。

在过去的几年里，响应式设计的实践主要专注于让用户在不同屏幕尺寸的设备上尽可能获得通用和相似的浏览和交互体验。为此，通常采用移动优先的设计方法。即先设计好面向移动设备的界面，然后再适配到更大屏幕尺寸的设备上。但是大概从2015年开始，有设计师开始提出，在保证基本一致的体验感觉的基础上，应该针对不同的设备的特点以及不同的使用场景，针对具体交互任务的需要进行体验的优化。在2015年，这种优化主要是借助"视差滚动行为"和新的导航方案来为移动设备提供更优质的浏览与交互体验。

七、拥抱自动化

到了2015年，完全自动化的交通工具、设备和助手变得更加接近现实。特别是随着自动驾驶汽车的发展和销售，以及更高级自动驾驶技术的研发推进，人们开始思考未来基于自动驾驶的世界会是什么样？人们的生活会变成什么样？如果，当大家都累了的时候，或者需要利用路上的时间办公，自动驾驶可以帮助人们开车，那社会运行的速度到底是更快了还是会变慢？人真的会获得更多的休闲时光，还是会变得更忙、更累？在未来的世界中，是梦想家说了算，还是科学家说了算？当机器接管更多的任务时，会有怎样的新岗位来提供新的工作机会？无论有何担忧，人工智能和自动化至少能让很多工作减少错误和提升效率，所以，直到今天，人们也未减缓相关的研发和推动其继续发展（对于大部分人类工作将被AI接管这件事，到2019年，有国家和机构已经开始探讨"普遍平均收入"政策，并在印度、荷兰等地进行试点性尝试）。这对人类真的是一件好事吗？不知道。这是科学家、哲学家、社会学家都在讨论的一个富有争议的问题。不过不管怎样，对于UX行业来说，如何让自动驾驶等新的自动化设备更好地服务于人，为人提供良好的使用体验，成为一个新的和重要的UX设计话题。

八、教育培训领域与 UX 的结盟

2015年，是教育培训领域与UX结盟的一年。在这一年里，面对在线学习的巨大需求，以下人员开始结成联盟：第一，教学内容的提供者；第二，教学活动的设计者；第三，教育技术人员；第四，用户体验设计师。他们共同合作，致力于提供更好的在线学习体验。特别是很多大型的私人培训机构，开始大量聘请用户体验设计师，希望通过体验设计让他们的教育产品呈现更大的竞争力。在这一背景下，大约从2017年起，很多UX方向的毕业生发现，在招聘UX岗位的公司中，教育培训机构占了不小的比重。

九、对安全与隐私的关注

随着用于健康以及其他个人管理目的的数据设备、数字金融服务以及可穿戴设备的持续增多，人们有机会收集大量的个人数据（如生理数据、金融数据、密码数据及位置数据等）。因此，在2015年，有大量用户、设备的生产者及体验设计师都开始明确地认识到，安全与隐私是一个需要被重点关注的问题。与该问题相关的具体问题包括：这些数据应该存储在哪里？这些数据应该被如何使用？它可能被泄露或被黑客攻击吗？在需要的时候，用户将如何在线或离线确认身份？如何让一个高安全性的网站仍能保持高易用性？保护个人资料的最佳方法是什么？声音或手势解锁是最佳的方式吗？这些都是有待解决的问题。

十、"滚动浏览"的进化

在过去一年里，可用性研究已经表明，滚动浏览内容比点击更为高效、方便和轻松。随后还有从业者指出，滚动浏览还能增加网页的故事性，且更具吸引力。所以，在2015年，特别是对于那些需要呈现大量消费内容的网站，"滚动浏览"的使用范围的扩大不仅是一个流行趋势，更是一个理性的易用性决策。除非牵涉到复杂交互行为的网页，使用滚动方式进行信息浏览肯定是更明智的选择。

此外，在2015年，当人们将页面合并为更长的页面时，很多设计师开始提供更多的动态效果来配合滚动行为。但同时，设计师们也清楚地意识到，虽然"动态效果 + 滚动"已成为被行业认可的做法，但是用户仍然需要层次分明和直观的信息组织方式，以及明确的浏览线索。因此，对于滚动动效的设计，切忌"过度设计"。因为那样不仅可能需要更多的加载时间，还可能会增加浏览者的认知负担。

十一、对"讲故事"的认知日趋成熟

在过去几年里，越来越多从业者意识到，做设计就是讲故事。与平铺直叙的视觉设计和对消费行为的直白呼吁相比，一个好的故事往往具有更强大的转化力，因为这会让用户成为"主角"。

在2015年，大家对"讲故事"又有了新的认识，故事将有可能不再是被讲述，而是可以围绕每个用户进行构建（其底层逻辑依据可参考"构建主义哲学"）。当然，要想做到这一点，对于网页设计而言，就需要让页面具有更强的交互性，且提供基于用户数据的个性化内容。

十二、"微交互"开始受到更多关注

在过去的一年里，已经有设计师注意到并开始讨论这个问题：如果用户喜欢一个产品，比如一个手机、一个新的可穿戴设备，或是一个很棒的应用程序，那很有可能是因为他喜欢其中的微交互（Micro interactions）。所谓"微交互"，是指用于协助用户完成主要交互任务的细节交互功能。在这些注重"微交互"的设计师看来："一个网站或应用程序可以有很多很棒的功能，但如果这些功能不容易被理解和使用，那么原因很可能就在于'微交互'做得不好。伟大的体验可以是非常微小、非常简单、非常容易的微交互的组合。在不违背产品的主旨性功能价值的前提下，关注对'微交互'体验的提升，可能是让一个应用程序在竞争激烈的市场中脱颖而出的关键。"

十三、对"共享 Cookies"的再认知

在之前的几年里，特别是在广告投放领域和激进的促销活动中，由于对Cookies数据的滥用，曾一度让人们对"共享Cookies数据"这件事感到反感。但在2015年，有大量设计师开始意识到，应该以积极的态度，通过更加合理、更加巧妙的使用方式，让Cookies提供积极的用户体验，并发展出更强大、更个性化的客户关系：更少地跟踪，更多地了解你。具体来说，比如，可以生成用户所需的建议内容、方便的链接以及根据用户的特定使用模式定制的独特布局。这将使得"共享Cookies数据"这件事的性质获得重新定义。

十四、"漂亮大图 / 视频"的广泛使用

在2014年，已经有设计师注意到，虽然近年来设计已经变得更加精简和简约，但在当今时代，有一种"并不简约"的设计元素对于提升视觉体验发挥着巨大的作用，那就是漂亮且具有冲击力的大图或是视频。在构建一个网站的时候，通常可以将这样一张大图（或视频）填充在页面的头部区域，以吸引用户进入站点的"故事"，并邀请他们滚动页面以获取更多内容。在2015年，随着更多从业者对这一观点的认同，"优美大图"的拍摄、储备与销售，开始变成很热门的生意。

第 7 节 UX 2016

如今，大家都很清楚，UX从业者需要具备两个基础的认知：第一，理解UX实践的目的，即让产品在"易用""审美""品牌"等各体验维度，为用户提供卓越的体验价值；第二，掌握UX实践的基本方法，即以"用户中心原则"为最基本的实践准则，借助基于"设计思维"的设计流程与相关实践方法，开展用户研究与体验设计。但在2010年体验设计刚刚兴起的时候，往最好的情况说，大家只是意识到了UX实践的目的。在实践方法上，大都还是在沿用传统的设计方法论（当然比如在"易用性"设计领域，可能很早就在某种程度上使用着"调研-设计-验证"的UX实践流程，但这无法代表当时体验设计行业的整体状况）。至于如何整合"易用""审美""品牌"等体验要素，不仅是没有相关的实践方法论，甚至这是很多从业者都还没有思考过的问题。

不过后来，随着用户体验的理论建设的推进，以及这些理论在体验设计行业中的不断普及，大家所使用的实践方法开始逐渐专业起来。尽管我们很难对这个专业化的具体过程给出一个清楚的梳理，但至少可以说，到2016年，在UX行业中，实践方法的专业化程度已经有了不小的进步。在这一年里，诸多新的UX实践动向都在说明着这一点。比如，UI设计的真正UX化以及对专业的质性研究方法的空前关注。本节就将对这些内容以及2016年中出现的其他UX实践新动向进行介绍。

一、UI 设计开始"真正 UX 化"

从2010年至2015年，UI设计领域表现出以下趋势：一方面，越来越流行的扁平化设计让视觉设计手法呈现出固定化的趋势。此外，成熟的交互模式的增多与足够强大，省去了大量交互设计的工作任务。如果只是为了创新而去创新，反而可能为产品的可用性、易用性带来某些问题。于是，不论是在审美还是交互方面，留给设计师的创新空间都越来越小。另一方面，体验经济的持续发展，让越来越多的企业认识到，现在的关键问题变成了"先要有效掌握用户的需求，理解用户的痛点是什么、用户专注且在乎什么"。只有先搞清楚这些问题，才有可能交付有价值的设计。

在这个背景下，大约从2015年起，有企业开始把"UI设计岗位"更名为UI／UX，或者索性就叫作UXD（UX Design）。并要求UI设计师不能把全部的时间花费在使用Photoshop等软件和推敲每个像素的摆放方式上，而是先要开展有效的用户调研，在此基础上给出相应的解决方案，并进行设计测试，甚至是在产品上线后对用户数据进行必要的跟踪，即"做界面不止是界面"。随后，大约在2015年底至2016年初，开始有越来越多的UI设计师在自己的领英资料里加上了一个流行词"UX"，并积极地学习与运用基于"设计思维"的体验设计流程以及相关的用研与设计方法。

二、交互设计领域对专业质性研究方法的重视空前升温

由于新技术的发展、新的应用场景不断出现等因素的影响，各种新式的交互产品不断问世。这使得诸多新的交互设计课题不断出现。比如，语音交互需要更好地了解人类，不仅是人们谈论的话题，还包括他们如何谈论这件事本身。人们在与机器交互的过程中，说话间隔、停顿、语调、文化、年龄、口音等因素都会对自己的体验造成影响。虚拟现实也是一样。沉浸式体验不仅需要更好地理解用户的手势，还要更好地理解他们的身体语言、人格、姿势、文化背景和年龄等所有细微的差别。通常，人们会用自己的交流方式来要求机器，然而机器并不一定能满足这些期望。若要解决这个问题，就需要对用户的行为进行深入的掌握与理解，并要由专人来训练机器，理解语调、手势和人体工程学。可能是因为再加上体验设计理论建设的推进及普及，如果说民族志等质性研究一直以来对交互设计都非常重要，那在2016年，则处在了交互设计的核心位置。具体来说，在这一年里可以看到越来越多的设计团队开始大力培养交互设计师的相关研究能力，或是聘请心理学家、社会学家、生理学家、人类学家与交互设计师开展合作设计。当然，除了专业的质性研究方法外，为了实现高质量的交互体验设计，对于定量测量、用户旅程、生态系统地图和物理原型测试等专业UX实践方法的运用，在2016年也受到了高度重视。

三、2016：原型工具的热年

在很多年以前，数字产品设计师就已经意识到，如果只是把静态的、不可交互的设计稿交给程序开发人员，那将导致很多问题。因此，根据设计稿制作出可交互的产品原型以供开发人员参考，是一项非

常重要的工作。从那以后，原型工具成了必要的设计工具之一。可能是由于设计行业对体验质量、工作效率以及高质量设计演示的重视程度不断增强，在2016年，InVision、Marvel、Principle、Atomic、Sketch、Axure、Adobe Comet等各种原型工具接连问世。甚至有从业者感叹道："好像每周都会有一个新的原型工具诞生，原型工具的数量简直要超过设计师的数量了。"同时，在设计圈里兴起了一场学习原型工具的热潮。在这一年里，通过线下沙龙等形式，大量原型工具的"学霸"向其他同行展示技能，并收获着他们的赞许和崇拜。

对此，有部分审慎的从业者清醒地意识到："照这样下去，原型工具将不再是设计的助手，而会是设计的阻碍。因为，众多的原型工具都是各司其职，没有一个单独的原型工具能规范和完成全部的原型制作。这势必会诱导设计人员花费过多的时间去学习软件技能，而减少对用户的关注。"

四、UX 行业：热度与问题并存

2016年，商业与设计领域对UX的关注度继续升温。UX不再是一个神秘的词汇。在2015年大家已经感觉到，UX话题的关注度正在商业策划人和设计师中不断提高。而到2016年初，已经开始有行业机构的评论者为UX在商业与设计领域的成功异军突起而发表庆祝感言。他们指出："成为UX设计师，现在是一个多么好的时代。我们看到UX设计师们正在被越来越多种组织给予更高的权责。用户体验不再是一个'异类'，而是一个必需品。这意味着所有公司都将至少配备一个专家负责审查它的产品和服务的用户体验。"除此之外，在2016年里，大家看到了更多的UX交流平台和更多关于UX的知识性文章在这些平台上快速更新。

但是，行内人通常都能体会到，在这一片欣欣向荣的背后，还裹挟着相当程度的浮躁，以及诸多的争议性问题。比如下面这个冒进的做法，在有些公司，领导者认为团队里的每个人都应该对产品的整体用户体验负责，于是就开始给每个人的职位头衔加一个UX，如UX工程师、UI／UX设计师、UX架构师、UX前端工程师等。而这导致的结果是没有一个人能真正对产品的体验负责。此外，直到2016年，UX的理论建设仍处于起步阶段，很多体验研究与设计实践中遇到的问题，还都没有有效的理论资源来提供指导，这导致大量相关的实践活动都是在摸着石头过河。

不过不管怎么说，曾经那个很难理解的概念UX，在2016年已经变得不再神秘。更多的企业都意识到自己需要配备UX方面的专家。而且与之前相比，这些UX专家在和他们的同事合作时开始扮演更为中心的角色。

五、一个新的 UX 细分岗位：内容策略师

大约从2000年起，就开始有越来越多的企业都想拥有自己的网站，并希望该网站足够强大，能将与品牌及产品相关的一切信息都展示出来。后来，随着移动互联时代的开启，企业开始拥有很多不同的网站，如微型网站、手机App、社交主页、博客、视频频道、企业公众号、企业内部网。而且这个列表

还在继续增长。于是一个新的问题出现了，那就是，必须有人能真正理解这些网站所扮演的角色，并时刻知道为什么、如何和在哪发布怎样的内容，从而让这些网站上的所有内容以一个对用户来说有意义的方式组织起来。同时，该组织方式还必须符合企业的愿景和商业策略的需要。为此，大约从2010年开始，很多企业中就有了一个岗位：网站内容策划与编辑。当然有时候这个工作是由一个团队来完成的。再后来，可能是由于体验设计热潮的不断升温，从2015年开始，内容策略在很多企业中开始合并到设计流程中（即合并到设计团队之中），与之相伴的是，出现了两个UX化的新岗位名称：

内容策略师（Content Strategist）；

内容体验编辑（UX Writer）。

从体验设计的逻辑与效果上看，这种组织方式是有益的进步。而到了2016年，这两个岗位名称开始大范围地普及。于是，很多UX从业者都开始考虑："我是不是应该多一项内容体验编辑的新技能并更新一下自己的作品集呢？至少，应该知道内容策略应该如何与其他的体验设计要素相配合。"

六、对"动效设计"的再认识

早在2016年之前的几年，很多设计师就已经认识到，对于动画的有效运用，可以提升用户体验并对彰显网站（应用）的个性起到重要作用。但在2016年，又有相当数量设计师对于"如何能更有效地使用动效元素"进行了更深入的反思，并开始注意到以下重要的动效设计要点：第一，如何表达以及何时使用动画，是一个重要的问题。动画的运用，必须要能够有助于增强内容的展现，千万不能为了要有动画而做动画。即，当想要使用动画元素时，一定要先明确使用动画的目的何在。第二，一个好的动画，经常是细小而微妙的。第三，一个好的动画，应该能够让用户明白设计师是在十分用心地为他们着想，并且能让他们感受到设计师花费了相当多的时间，只为创造一个贴切、独特而个性的体验。

七、"易用性"设计问题的转移

正如我们之前说过的，对于网页和移动应用而言，交互模式库已经覆盖大部分的问题，这使得设计师可以依靠这个强大的和全面的模式库，来快速地给出不错的解决案例。在该背景下，大约从2016年开始，越来越多的交互设计师开始追求更高层次的"易用性"体验，把更多的时间和精力投入到最细微的细节设计上，如微妙的动画、最优雅的过渡，从而让体验更具相关性，更令人愉快和难忘。

第 8 节　UX 2017

对于UX行业的发展，2017年具有非凡的意义。与之前几年不同，在2017年出现的一个"震撼性"的新动向，让这一年成为UX行业的"阵痛之年"。这个"震撼性"的新动向是什么？本节就将对此以及在2017年出现的其他"常规性"新动向进行介绍。

一、2017：UX 的"阵痛之年"

接上一节的内容，在2016年，UX行业在加速专业化程度的同时，用户体验也越发受到更多企业的重视。于是，在2016年底至2017年，出现了一波UX转岗热，UI设计、交互设计等与UX靠得上边的从业者大量涌入UX岗位。同时这也吸引了相关专业的在校生，即引来了一波UX的学习热潮。国内几个知名UX专业硕士报考的火热程度就说明了这一点。

不过，真是造化弄人，相信大多数人在2016年都不会想到，企业界对UX重视程度的提升，居然让UX行业感到喜悦的同时还为其带来了阵痛。为什么这么说呢？UX理论建设的稚嫩，加之UX行业中存在的浮躁成分，在2017年表现出了一个较为棘手问题，那就是，尽管UX行业一直在加速提升体验设计的实践水平以及专业化程度，却无法跟上企业对UX的期望，以及这种期望的加速提升。具体来说，随着更多企业对于身处体验经济时代的觉醒，以及对用户体验之认识的深入，大约从2016年底起，开始有企业明确意识到，产品业务中存在的一切问题，几乎都可以归结为用户体验的问题。即应该用"体验视角"去审视产品的问题，并筹划新产品的研发策略。于是，这些企业便期许通过制定详尽的体验战略和依靠出色的体验设计来赢得业务的成功及用户的增长。然而事实上，面对这样的期许，（总体上来看）UX从业者却没能交出足够合格的答卷。在这一年里，作者曾多次参加不同设计公司的项目洽谈会议。在会上，公司的UX Leader通常只能从自己的角度对UX是什么进行"天花乱坠"的表达，一旦谈到UX到底"为什么能"以及"具体怎样能"帮助企业实现业务成功和用户增长，这些UX Leader通常只能给出飘忽在半空的模糊性逻辑。甲方企业人员满脸的不解、疑惑以及质疑的表情，今天还历历在目。从2017年初至年末，企业界对UX的这种质疑持续增加（那么，在2018年这一情况会有什么转机吗？对此，请您继续阅读下一节的第一部分内容）。

此外，从UX从业者角度看，早在UX刚刚步入专业化时，很多思维敏锐的体验设计师就已经明确认识到："不能再用2010年的方式来完成今天的工作了。UX需要一套新的技能、方法和知识体系。这绝不是传统的交互和UI设计人员所能提供的。"但面对2017年的窘境，大家不禁感叹："UX所需的新技能与新方法是什么呢？这可能是个更难回答的问题！"

不过，就长远的发展来看，UX行业在2017年经历的阵痛具有十分重要的积极意义，因为这是其走向更加成熟所必须经历的。

二、UX 从业人群的变化

可能主要是由于受到上述"阵痛"的影响，在2017年，UX行业的从业人群开始表现出以下变化。

首先，是转行进入UX行业的人员开始减少。从2016年开始至2017年初，想要成为UX设计师的想法正在变得普遍。但大约从2017年末起，这种热度则开始渐渐消退。进入2018年之后，就更是如此。

其次，原有的UX从业者队伍开始分化。具体地说，随着企业界对UX的质疑声不断扩散，"用户体验设计师"这个涵盖了太多实践内容的称号开始减少。与之相对的是：第一，一部分具备理科技术背景的设计师开始挺进新的技术型设计领域，比虚拟现实设计、对话设计、语音界面等。第二，面向各种UX细分（特定）实践领域的岗位头衔开始多了起来，如用户体验研究员、动效设计、原型设计、视觉体验设计、交互体验设计等。第三，还有一些公司将"体验设计师"职位更新为"产品设计师"，并要求该岗位人员要更多地关注产品战略和业务。随着角色转变和责任的增加，"产品设计师"不可避免地需要对业务的战略和设计的策略有更多的了解。

三、UX 学习热潮

以中国为例，从2016年开始，北京师范大学、中国社会科学院、首都师范大学等院校先后开办了UX方向的专业硕士，或是UX方向的研究生课程研修班。根据这些专硕项目在2017年的报考火热程度，我们可以得出以下判断：企业界对UX的质疑声音，至少在2017年上半年，可能还没有扩散到准备报考UX专硕的学生那里。或者说，即便是UX学习者对这些质疑的声音已经有所耳闻，也没有过多地影响到他们对UX未来发展的信心以及对UX的兴趣。因为，在2018年和2019年，部分UX专硕的学费有所上调，但考生的总体数量并没有减少太多。

那么，为何有如此多的人钟爱UX呢？作者很难对此给予确切的说明。但根据对部分学习者的调研发现，至少以下内容构成了他们报考UX专硕的部分原因。

首先，对于想要从事UX工作的人，除高工资外，另一个重要的"好消息"莫过于和金融学、人工智能技术、高能物理、数学精算等听上去就是前端的领域比起来，UX的入行门槛并不高。所需要掌握的无非是"用户中心"的思维方式、设计思维的实践流程、一定的用户访谈技巧、组织焦点小组的技术、一定程度的心理学知识用以支持具体的体验研究和数据分析，以及用PPT展示体验研究与设计方案的技能。大量视觉设计人员、交互设计师的轻松转岗，就清楚地表明了这个事实。无独有偶，大多数开设"用户体验"方向的教学机构，也都采取了极具包容性的跨学科招生策略。任何学科背景的考生，只要进行一定时间的考前复习，就都有机会参与到"用户体验"的学习中来。

其次，在一般观念中，"接受过系统的科班教育，总要比跳槽转行的从业者更具有先天优势吧！"所以，对于部分考生而言，"用户体验"方向的入学通知书，已经不再是一张普通意义的入学通知，而更像是优越人生的入场券。在他们的潜意识里，似乎有一种在入学的第一天就已经站在白领阶层的准队列中的感觉。言而总之，在这股"用户体验"热潮中，大量学习者将UX看作实现人生华丽转身的便捷通道。

不过，对于其中的大部分学生，上述的乐观气氛通常都没能持续太久。一般在入学的几个月后，无论是因为听到更多来自企业界对UX的质疑（至少在2017年，这一情况尤为明显），还是因为困惑于"到底该如何实现高效的体验创新"，他们很快清醒地意识到一个事实：UX，根本没那么简单。

四、UX 教育尚处起步阶段

几乎在任何领域都是实践先行，再有理论的认识与反思。与行业的快速发展变化相比，教学资源的建设通常有一定的滞后性。在UX领域也是如此。根据UXMatery的调研，截止到2016年，全世界只有132所大学提供与UX相关的4年制学位教学（其中，以UX作为专业命名的情况不到5%，大多只提供媒体设计、信息设计、视觉设计、交互设计等与UX相关的教学资源）。更重要的一个问题是，由于UX基础理论建设的迟缓，很少有教学机构能够提供高度系统和专业化的UX教学。这导致部分有抱负的用户体验爱好者选择相关领域的专业（如心理学、社会学或人类学）进行学习，并通过积累各种实践经验来丰富自己的认知与技能。另外，还导致了UX领域在总体上呈现出自我教育的高比率状况。根据UXMagazine在2017年的行业调研，超过65%的受访者表示自己在自学各种UX设计技能（这些被访者既包括没有接受过正规设计教育的人员，也包括那些接受过正规教育却继续自学的人员）。

不过，在体验设计热潮的带动下，特别是随着企业界对UX重视程度的提升，从2017年开始，以UX方向专硕为例，世界范围内的专业性UX教学机构开始变得多起来。并且，其中的相当一部分机构提供面向UX的准专业级心理学、商学以及相关前沿技术的教学。然而，至于到底该如何让心理学服务于体验研究与设计，以及如何关联UX与商学的知识，直到今天也还是在不断地探索中。

五、"体验思维"的普及：进展与阻力并存

在2017年，大家看到了越来越多像IBM这样的大型组织开始在战略层面将体验设计定位为一种竞争优势，雇佣大量的设计师参与公司的战略决策，基于"设计思维"来重塑产品开发流程以及企业、品牌与产品文化。但是UXMagazine发布的报告显示，对于$1/3$以上的老牌公司来说，用户体验设计仍然是一门新的学科。究其原因，第一，这些老牌企业通常有着根深蒂固的流程和层次分明的管理，一个新的规程要想融入现有的文化中，不是一件容易的事。而且公司的规模越大，他们就越倾向固守旧的流程，因此很难引入新的思维方式。第二，规模越大的企业，其高管就越倾向于更少地参与基于新思路和理念的工作方式。同时，至少在2017年，UX从业者通常还很难以哪种有效的方式来证明UX工作的投资回报率（特别是短期内的），这使得在这些企业推行"体验思维"变得更加困难。

六、"设计系统"成为通用做法

特别是那些提供复杂性产品的企业，以及因规模庞大而导致组织内的结构本身具有一定复杂性的企业，大都遇到过这样的事情，由于没有一套标准的设计工具和指导方针，导致设计团队的人员越多，设计产出就越混乱。每个新设计师都可能会给产品带来新的不一致性，如对颜色、字体或设计模式的微调。为了消除这种设计的不一致性和提高设计的可伸缩性，"设计系统"提供的组件使产品开发与设计成为类似于拼装乐高积木的工作，这帮助设计团队很轻松地实现了最小化的不一致性和高度的可伸缩

性。大约从2014年起，就开始有相当多数量的企业着手建立这种"设计系统"。而截止到2017年，根据UXMagzine的统计报告，69%的受访者表示他们的公司要么已有一个"设计系统"，要么正在构建一个这样的系统。

比较典型的"设计系统"（或称设计指南）包括总体设计原则、UI模式、视觉模版（包括调色板、页面布局、表单、按钮、网格定义、图标）、代码惯例及内容编辑指南。当然，"设计系统"并不是一成不变的。很多公司在使用该系统的同时，还安排专人负责规定"谁可以为设计系统提供变更"，以及"在怎样的情况下可以批准变更"，比如依据必要的战略性目的对现有设计规范进行合理调整。

七、不得已的选择："迭代"

作者并没有找到确凿的史料来指出"迭代"到底是从什么时候起成为企业中产品开发的基本策略的（很多从业者认为是起源于扎克伯格的Faceboook）。不过，大约从2013年起，就开始有很多来自大型企业的朋友不断提起"'迭代'还是很不错的策略"。但同时，也不乏质疑的声音，比如"没有严谨逻辑表明迭代与成功的体验创新之间有着必然联系"。又比如，一位网名为"折折熊"的从业者还指出："迭代，只是让人看上去很忙、很专业，但其实这只是在用战术上的勤奋来掩盖战略上的懒惰与无能。"不过不知道为什么，这种理性的质疑并没有成为行业讨论中的主流话题。不仅如此，在2017年，甚至有很多从业者对作者表示，他们认为"迭代是最好的产品创新策略"。直到2021年初，这一情况也没有什么大的变化。但在事实上，"迭代"并没能帮助UX行业走出体验创新的窘境。由此我们可以猜想，可能是因为"怎样才能实现成功的体验创新"实在是一个太大的难题，这让大家只能先从战术的层面上勤奋起来。

八、品牌化交互设计的开山之作：Branded Interactions

众所周知，商品的品牌设计由来已久。数字化的交互产品同样牵涉到品牌设计的问题。但是自从2010年移动应用（Apps）的兴起开始，可能是出于以下原因，移动应用的品牌设计似乎并没有成为其产品开发活动中的一个重要课题，甚至时常被很多开发者遗忘。

第一，针对交互产品的品牌设计理论尚不成熟。具体地说，传统的品牌设计主要是围绕商品的静态视觉表现来做文章。而对于交互产品，除了静态的视觉元素，各种动态和交互元素都在紧密地影响着用户的体验。特别是当语音识别、手势识别甚至是目光识别方式出现后，交互产品已经不再需要依靠视觉界面。这让传统的品牌设计方法顿时"不知所措"。此外，特别是移动交互产品，由于对界面的使用更是"寸土寸金"，各种交互元素与信息内容几乎占满了全部界面，这让传统意义的品牌视觉表现几乎"无处站脚"。第二，与传统商品比，移动应用的"可用性"与"易用性"在更大程度上决定着其在市场上的生存概率。这可能也导致很多开发者无暇顾及移动应用的品牌设计问题。

不过，随着交互产品市场竞争的日益激烈，特别是在"可用性"与"易用性"方面大家都平分秋色的时候，品牌设计就开始意味着品牌表现力更强。在该背景下，来自德国的交互设计专家马克·斯皮斯（Marco Spies）于2015年10月出版了一部专门针对交互产品之品牌设计方法的著作——*Branded Interactions: Creating the Digital Experience*。时隔两年，该书的中文版于2017年10月在中国出版，书名为《品牌交互化设计》。对于交互产品的品牌设计实践，该著作给予了及时和重要的理论指导。

九、"人机聊天"成为一门显学

语音识别技术的不断成熟推进了"对话式界面"的发展。所谓"对话式界面"，就是模仿真实的人与人对话的方式，你可以直接告诉机器（如Siri）你想要什么，而不是通过按钮和菜单。随着"对话式界面"的发展与增多，在2017年，"聊天机器人"成为UX行业中最热门的术语之一。开始有诸多大型公司对探索这个领域表现出极大兴趣。其中有行业评论机构称："如果你的产品还没有配备'聊天机器人'，我们很有信心你将很快建立一个。"甚至还有人断言："对话式界面的发展，导致交互设计不得不重新考虑产品和服务在未来的发展样貌，未来的交互可能不再是由按钮组成的。"但是，对话式界面的未来到底会是什么样子？并没有人真的知道。而且有审慎的从业者清醒地指出，我们必须为"对话式界面"找到真正的使用场景，千万不能以炒作的态度将现有的体验转换为聊天格式。

十、"直播文化"的形成

随着实时社交媒体的持续发展，到了2017年，大家已经明显感受到一种新的互联网文化已经形成，那就是"直播文化"。其唯一的原则就是"你必须分享它、直播它，就现在"。这非常值得所有企业关注。因为，这种文化正在重新塑造消费者的体验偏好。比如，用户希望企业能在多长时间内和以什么方式来回应产品与服务问题的需求正在发生改变。为此，企业需要相应的改变，为用户提供更新、更即时、更清晰的价值。这些期待贯穿于企业连接消费者的各个渠道。比如，如果你的公司使用Snapchat与顾客打交道，则必须根据平台的节奏进行更新并对顾客做出响应。

十一、对虚拟体验的再认知

虚拟体验的设计已经有多年的发展历史了，但直到2017年，除了继续提出各种新的概念性原型和追捧新的虚拟现实技术，虚拟现实的体验设计并没有取得什么实质性突破。然而值得注意的是，在2017年，有设计师对虚拟体验设计的核心问题展开了更为深入的思考。他们意识到，2D界面设计的成熟已需要如此多的工作、知识和努力，那设计一个全新的世界意味着什么呢？VR体验的设计，不应该是将2D经验简单地转移到3D，而是应当推倒重来，探索一种新的空间范式，建立一套全新的设计指导方针。其中最大的挑战可能在于"物理挑战"。具体地说，在界面之外，身临其境的体验是通过我们的身体与所在空间的相互作用来定义的。那么，我们的身体和虚拟身体之间的关系是什么呢？人们期望虚拟体验与物理体验一样真实吗？我们能够在多大的范围内推动这种虚拟边界的建立？大家准备好接受这些更具弹性的现实了吗？VR与我们身体之间的关系可能是最重要的问题，但大家对此的了解还非常少。不过可以肯定的是，首先，我们不可能脱离社会、心理和文化因素来谈论身体和空间的关系；其次，虚拟现实可以重新定义个人空间、个人形象（虚拟化身）和社会交往；再次，在设计虚拟现实之前，我们需要考虑我们自己的偏见和这种沉浸式体验对用户产生的副作用。

第 9 节　UX 2018

承接上一节内容，2017年，从以下两个意义上说，可以被视为UX行业发展过程中一个重要的分水岭：第一，为行业中一直以来的乐观气氛与高歌猛进的发展节奏打了一针冷静剂；第二，这又迫使大家不得不对"UX的价值、面对的任务，以及应该使用怎样的实践方法等一系列问题"进行重新审视。但从积极角度看，这是UX行业走向更加成熟的一个重要的里程碑。

2018年，是UX行业开始消化在2017年所遇到之"阵痛"的第一年。在这一年里，UX行业也表现出了一些本能性的反映动作，比如对"迭代"的强调，以及对岗位分工的调整。但是这对于解除"阵痛"并未起到明显的作用。此外，可能是由于"消化阵痛"之气氛带动，在2018年，不论是来自行业的内部还是外部，对UX实践的各种反思声音开始不断出现在大家的视野中。本节就将对这些内容进行介绍。

一、解决"阵痛"，并不容易

首先，让我们来复盘一个与UX行业相关的重要背景性问题：产品创新。

要知道，产品创新，从来都不是一件容易的事。这正如《本田的造型设计哲学》一书的译者郑振勇所说："自大家开始努力于产品创新以来，一直都是'创新'口号喊得震天响，却鲜有人真正知道该如何进行创新。"根据美国创新管理专家安东尼·武威克的统计，截止到2016年底，在世界范围内，成功的产品创新项目仅为1／300。但在此前，大家并没有把这个责任怪罪在UX头上。正如前面讲过的，在体验设计刚刚兴起的几年里，大家对UX的概念还没有一个特别全面和深入的认识。相应地，也很少有人能明确知道UX到底应该在商业链条中扮演怎样的角色。于是，在那时，企业并不是很介意把UX的工作重心定位于提升视觉与交互设计的质量，以及在营销的层面上兜售一些花样翻新的体验概念。但是后来，随着大家对UX认识的深入，大约从2016年初开始，逐渐有企业开始认识到："所谓用户体验，即用户在与产品或服务互动的过程中所获得的主观感受。在当下由体验经济主导的经济形态中，正是这种主观感受，构成了消费者对一个产品或服务的价值进行判断的重要甚至是唯一的依据。因此，在今天，所谓的产品创新，其核心内容就在于如何让产品和服务为用户提供新的和高质量的体验价值。所以，除对精致的视觉与交互体验负责外，UX理应参与到整个产品创新的流程之中，影响整个企业系统，统筹全部的工具和人员，并对最终的产品价值和用户的增长负责。"至此，持以上观点的企业，自然倾向于把

"产品创新的效率"归因于"UX实践的效率"。可是，UX实践的介入，并没能为提升产品创新的效率做出显著的贡献。这就导致了我们在2017年所看到的，众多企业对UX提出质疑。

遗憾的是，在2018年，UX行业未能对此做出足够有力的回应。具体地说，当现有的UX理论资源与方法论、工具无力应对各种体验创新的难题时，除了使出一招"万能解决法"——迭代，UX从业者似乎也没有其他更好的办法。在这一年里，大量UX团队开始更加强调"迭代"的重要性，并要求加快迭代的速度。可2018年一整年的UX行业实践情况已经表明，对于破解体验创新的窘境，绝不是这种简单的战术层面的勤奋所能奏效的。

任何概念被炒作一段时间后，都需要在实践层面落地，即要为社会贡献出实际的价值。若非如此，人们就会逐渐对它产生怀疑，甚至是将它淡忘。由于体验创新在整体上的低效实践状态的持续，再加上迎来新一轮资本寒冬的缘故，大约从2018年末开始，已经有企业对UX岗位进行不同程度的裁员。这就是为什么2018年入学的UX方向学生在入学后没多久，就开始听到学长、学姐在抱怨"工作、实习不好找"。与此同时，甚至有人就此而悲观地断言："UX概念已经过气了。"

那么，UX真的只是个昙花一现的时尚品吗？那些冷静的从业者心里都很清楚："当然不是。"因为，从属于体验经济之特征的市场形态（即用户需要）已经客观存在。对于体验创新的现实需要，并不会因为UX行业暂未表现出高效的体验创新行动而消解或失效。也正因如此，一些富有远见卓识的企业，在裁撤UX人员的同时，却保留了UX部门的建制。不用问，他们深知UX对于企业的战略性价值，所以在等待真正具备体验创新能力的人才加入。

二、新的热门职位

继2017年UX行业的岗位分工调整，在2018年，以下职位成为UX行业中新的热门职位。

1. 用户体验研究员（UX Researcher）

根据作者对部分相关企业的调研，大约从2017年的年中开始，就逐渐有热衷于体验创新的企业意识到，所有的专业性体验设计大致都包含以下三个工作步骤：用户调研→产品设计→产品测试。其中的产品设计自古有之，只是此前没有将其放在"体验"的语境下言说，也没有用UX的视角与标准去对其进行实践上的要求而已。市场的检验就承担了相当部分的产品测试工作。于是，体验设计的关键一步，其实就在于"用户调研"。为此，这些企业开始倾向于聘请专业人员（一个完全独立于UX设计工作的角色）来负责该工作。所以，"用户体验研究员"这个职位就应运而生了。在2018年，这成了更多企业的共识。相应地，"用户体验研究员"成了UX行业中一个非常热门的职位。

2. 产品设计师

在一些产品型公司里，从2017年开始，已经出现了被称为"产品设计师"的职位，并明确要求该岗位人员要能够从产品战略到设计实现进行全程把控。2018年，企业对这个岗位的职责给出了更为清晰的界定，同时，更多更加专注于特定行业的设计师，逐渐沿化为了"产品设计师"。该岗位也变成了一个炙手可热的职位。

根据作者的调研，在2018年，企业对于"产品设计师"岗位职责通常是这样描述：需要具备分析、测试、设计、决策的综合能力。不仅要清楚如何利用好各类数据来构建用户画像和完善产品，还要能通过个案调研洞悉用户的深层需求。同时还能关注产品的每个细节，负责设计落地。此外，还需要根据产品战略以及业务目的，影响整个系统与团队，统筹全部的工具和人员。

不过，想要从此前传统意义上的设计师或是职责还相对模糊的用户体验设计师过渡到"产品设计师"并非易事。因为它需要这些从业者不仅要具备设计能力，还要能深入到某个行业或者产品业务的整个链条中，对当前行业形成综合性以及专业性的理解，从而培养出清晰而富有远见的洞察能力，以及对行业和产品的掌控力。

3. 偏向 UX 的 UI 设计师

可能是由于企业逐渐意识到，让所有的传统设计师迅速具备准专业级的体验研究与设计能力并不现实，而让他们具备一定的"体验思维"方式，并与专业的"用户体验研究员"或相关部门进行合作则是相对可行的。到了2018年，越来越多的企业开始招聘偏向UX的UI设计师，并将该职位称为UI／UX。

三、对 UX 实践的反思

到了2018年，不论是来自行业的内部还是外部，对UX实践的各种反思声音不绝于耳。但要指出的是，并不是说所有的这些反思声音都始于2018年，其中的部分内容早在2016年甚至更早就已经被一些冷静和敏感的人提出。只是在"消化阵痛"之气氛的带动下，这些声音似乎更容易被大家注意到。

1. UX 让世界变得更好了吗

2018年，知名用户体验博客"UXDESIGN.CC"指出，一些科技巨头（有从业者猜想这是说给Facebook、Uber这些科技巨头公司听的）的设计师们一直延续着激进的设计模式和目标，并采用能源和烟草巨头30年前的方式来表达自己空洞的美好愿景。然而，在过去一段时间里，这些公司接二连三地因泄露用户隐私等问题而爆发公关危机。尽管他们为自己极力辩护并表示无辜，但这实则是缺乏社会责任感的表现。此外，在过去几年里，用户体验行业的研究人员和设计师开发了很多方法和模型，用以鼓励用户更多地使用他们的产品并欲罢不能。虽然短期内这些产品取得了成功，但从长远来看，却给使用这些产品的用户造成生活上的负面影响。比如，据统计，33%的离婚夫妇觉得Facebook对自己的婚姻造成了不良影响。对此，"UXDESIGN.CC"认为："用户体验不单单是设计用户使用产品时的体验，同时也要考虑到他们没有使用产品期间的体验。是时候修正让用户上瘾的设计思维了。"巧合的是，在这一年，不知道是否是因为受到以上反思声音的影响，一些公司也开始考虑上述问题。比如，苹果的iOS12.0、谷歌的新版Gmail、Instagram的消息提醒都开始考虑如何让用户在合理的程度内使用产品。

"UXDESIGN.CC"还指出，这些巨头公司（包括中国的BAT）目前已经具备了对整个社会、政治、经济的强大影响力。他们以及为他们工作的设计师，在享受远远超出社会平均水平的收入、工作环境和社会声誉时，必须要意识到这些设计带来的广泛影响。只有能真正为人而设计，才能在更长远的时间内实现企业的商业价值。

在作者看来，"UXDESIGN.CC"所提出的具体问题固然重要，但其更重要的价值在于引发了人们对于"UX如何能让世界变得更好"的思考。

2.UX 行业中的浮躁因素

到了2018年，我们至少可以看到UX行业中存在着以下两个浮躁因素。

首先，是持续用战术的勤奋取代战略性的思考。特别是在今天来看，要想破解体验创新的窘境，势必需要从UX实践的底层问题出发，重新思考体验创新的实践策略。然而，至少在2018年，在"快速迭代"策略的指导下，我们看到UX行业中的各类型设计师，几乎时刻都在忙于眼前的细节性工作，如设计原型、画界面、做标注、做测试等，无暇跳出现有的框架，对问题背后的深层原因进行反思。其中，有企业认为聘请外部咨询公司是一种不错的解决方式。但从实际情况看，第一，这对于培育企业整体的体验竞争力并不是长久之计；第二，受制于UX理论建设的相对迟缓，直到2021年，也还没有哪一家这样的咨询公司能够为破解体验创新的窘境提供足够完善的解决方案。

其次，是对设计方法的沉迷。在过去几年中，IDEO、谷歌、Cooper这些知名的公司热衷于分享自己在用户体验研究和设计方面的方法、经验和各种资源。这对于广大UX从业者自然是件好事。然而，可能是因为"战术勤奋"思维习惯的影响，加之对实践效率的热切关注，大部分从业者只注重于对具体方法、工具的学习，对于了解方法的来源以及方法的功能边界等方法论层面的问题则往往提不起兴趣。

3. 应该怎样看待技术

在2018年之前的每一年里，都有一个影响用户体验行业的新技术闯进大家的视野。2017年是人工智能、2016年是聊天机器人、2015年是物联网。但在2018年，这一情况没有继续。有行业评论者认为："虽然我们不知道为什么今年没有出现新的技术，但这也没什么不好。这正是完善此前的技术、探究如何更好利用这些技术，以及思考人类需要什么样的技术的机会，而不是一味崇拜科技的创新。"

第 10 节　UX 2019

尽管UX的理论建设与实践情况都还很稚嫩，以至面对诸多棘手的问题难以在短时间内给出解决方案，但我们却很少看到哪个企业因此而放松或是放弃了对UX的关注。不仅如此，在2019年，一部分企业让UX越来越处于企业的核心位置，甚至是让体验设计师进入董事会。

在本节，我们将继续关注UX行业在2019年为走出"阵痛期"所做出的努力，以及这一年里的其他UX实践新动向。

不过要说明的一点是，在历史学家看来，"任何听上去逻辑顺畅、符合期望的历史，都是值得怀疑的"。这也就是在指出，在现实中，并不会有一个站在天上的人指挥着历史按照我们所希望或易于理解的某种逻辑线索，像一部电影那样酣畅淋漓地发展、演进。真实的历史中充满了各种不确定性，以及用常理难以理解的和非线性的历史发展现象。UX行业也是如此，并不存在一个从业者们团结一致，共同应对在2017年所遇到之阵痛的"剧情紧密"的英雄史诗。只不过，作为UX从业者，我们理应对任何与"消化阵痛"相关的事件保持关注。

一、解决"阵痛"的进展

2019年中的以下三点内容，与"消化阵痛"存在着紧密关系。

1. 创新设计方法论的突破，是个难点问题

2019年，我们看到很多体验设计团队加强了对用户中心方法的精研。比如，使用更为精致的同理心调研工具和用户旅程图，并积累和总结了更多的用户观察与访谈技巧。从实践效果上看，这些努力对于加强UX实践的结构化程度、掌握更深度的用户需求以及为UX实践的价值提供佐证等，都表现出了一定程度的助益。

不过，由于创新设计的方法论建设尚缺乏突破性的进展，"体验创新的窘境"在2019年仍无法获得有效破解。此外，我们还看到，虽然大家对于体验创新的实践持有相同的目标，却持续就"该如何正确地开展创新设计"，以及"如何看待体验、技术与商业的联动机制"等重要的基础性问题争论不休。可以预见的是，如果这些争论一直持续，无法获得有效回答，那必然会阻碍UX行业的进一步成熟，从而无法发挥更大的作用和价值。

2. 更加注重对人的理解

在企业界，从2018年开始，已经出现"重视对人的研究"的势头。在2019年，这种势头又有所升温。具体来看，特别是那些已经有过一定UX探索经验的企业，他们更深入地认识到，有效的UX实践，意味着要对其用户有一个完整的了解，包括用户的需要是什么、他们希望如何执行一个操作、他们的能力与限制又是什么等。为此，在2019年，具备人格动机知识背景和娴熟民族志研究能力的人员，通常能表现出更多的就业竞争优势。

此外，在注重对人的理解的同时，这些企业往往也更加强调对企业自身的理解。比如，企业服务于哪些目标用户？面对这些用户，企业的核心业务是什么？企业的产品与品牌对于用户的价值又是什么？

3. 数据驱动的体验研究与设计

大家都很清楚，我们现在所处的是数据时代。由于缺乏相关的史料，作者很难指出UX实践是从何时开始与数据技术相结合的。但至少在2019年，我们可以明显感受到，数据化的体验研究与设计实践在迅速普及。在这一年里，设计师比以往任何时候都更努力地做出基于数据驱动的设计决策，以及通过对用户以及产品的数据追踪来衡量设计的有效性，并在此基础上对产品设计进行优化。从应用效果上看，

由数据驱动的体验研究与设计，在以下五个方面收到了较为显著的成效。

第一，基于数据的个性化内容推荐系统。这是大数据技术应用最广泛的领域之一，同时受到行业与学术界的热切关注。这种推荐系统，通过对用户行为数据的挖掘与分析，掌握用户的详细属性信息（年龄、性别、居住地与教育程度等）与兴趣偏好，进而构建出基于大数据的用户画像。并据此，对广告以及内容（新闻、短视频等）进行高效的精准投放。

第二，企业可以基于多维度、全天候的用户行为数据，对消费行为背后的动因进行更有深度和更多维度的分析，进而让产品规划与商业决策变得更加有的放矢。以亚马逊公司为例，其通过基于大数据的用户消费行为分析，能够以较高的准确率预测用户在未来一段时间内的消费需求。据此，亚马逊建立了一套智能分仓和智能调拨系统。在这套系统的帮助下，不仅大幅缩短了货物递送的时间，还显著减少了物流和仓储的成本。再以Netflix公司为例，其构建了一套基于大数据的用户观影喜好分析系统，并根据分析结果进行编剧。该方法帮助Netflix在多个影视产品中取得了成功。

第三，可用、易用性分析与优化。在2019年，特别是在互联网行业，由于技术条件的有力支持，通过大数据分析寻找产品在可用与易用性方面的不足的方法，已经被广泛应用。具体来说，通常会建立一个大数据智能算法框架，通过收集用户的停留时间、登录频率、转化率、粉丝量、浏览量、活跃度、黏性、情感倾向等数据，可以从认知效率、态度表现、行为模式等多个方面输出用户体验效果评估，并据此对产品设计进行优化。

第四，智能决策。人工智能和大数据技术的快速发展，使得由大数据驱动的智能决策系统从辅助人类决策转向代替人类决策成为现实。到了2019年，我们已经可以看到相当多的智能决策系统的应用案例。

第五，智能设计系统。截止到2019年，自动化的智能平面设计是该领域最具代表性的应用。其中，Adobe公司的Creative Cloud软件内置的大数据与人工智能模块，可以实现图像、视频等多媒体文件的智能分析功能，并可以根据设计师的设计需求提供智能化的素材推荐。再比如，阿里巴巴于2017年发布了鲁班（现改名为鹿班）智能设计平台。该平台通过风格学习网络、行动器以及评估网络，构建了一套自动化海报设计系统，实现了商品推荐海报的快速生成。2018年，鹿班系统的设计能力已经达到了阿里内部P6水准，并且还在不断完善。

不过要指出的是，大数据与人工智能的结合，尽管为体验研究与设计做出了上述值得瞩目的助益，但绝不是一个万能型的解决方案，一定要注意到该实践方式在目前所表现出的功能边界。

首先，大数据能做的，是基于现有的消费行为数据呈现用户的需求方向，即偏好。但并不能明确给出用户对于新产品的需求内容。比如，抖音可以借助大数据分析掌握用户的浏览偏好，但是很难据此而自动生成一段高质量的短视频。再比如，大数据可以告诉企业用户喜欢买什么样的汽车，但却不能设计出一辆令人心仪的新款车型。

其次，大数据分析，只能针对现有产品开展消费数据分析。因而，对于与现有产品价值特征不同的产品价值难以给出有效评估。比如，通过大数据分析，可以发现一部分用户很喜欢具有流线型造型特征的汽车。但实际上，这部分用户也经常会在看到一辆方方正正的汽车时大加赞赏："这个也不错，强悍，稳重，有气势！"那么，什么样的方方正正设计才会受到这部分用户的喜爱呢？大数据是无法给出答案的。

再次，大数据，并不是全量数据。同样，消费行为数据并不是对消费者心理与生理行为的全景映射。何况，很多处于潜意识层面的心理行为，既不能被用户所察觉，也无法以数据方式（即物理语言）呈现。所以，仍需要借助质性研究方法，来获得对这些深层心理行为与行为动机的洞察。

最后，出于上述原因，目前还不能将"大数据与人工智能的结合"作为破解"体验创新窘境"的有效途径。

二、响应式设计之未走完的路

由于移动互联网的普及，以及应用场景与任务的多样性、复杂性与重叠性，早在几年前，人们就习惯了快速切换不同的数字平台进行各种操作，甚至同时使用几个数字平台来开展一项或多项任务。这不仅让响应式设计成了交互设计的标配，也推动了响应式设计的日渐成熟。不过，直到2019年，响应式设计"仍有未走完的路"。在这一年里，为了进一步提升响应式产品的应用体验，很多设计师将关注的焦点放在了如何实现不同数字平台的无缝链接上。

三、视觉体验设计的再进化

自2010年"简约设计原则"获得界面设计领域的认同后，在用户的"求新动机"的推动下，"简约设计"的具体实现方式持续改变。有人称这一过程为"极简主义的进化"。不过不管怎么进化，极简主义的底色一直都没有变，人们总能从设计中感受到简约和充满活力的现代性气息。于是，作为设计师，就不得不随时关注新的设计趋势，尝试从中获取灵感，并创造新的设计风格来引领下一波潮流。以下，将分别从动态设计和静态设计两个方面，介绍界面设计领域在2019年的新动向。

1. 动态设计

最近两年，界面设计对动画效果的需求持续升温。在2019年，动效已经不仅仅代表着时尚，它还是为交互、品牌等体验要素提供更多增值意义的重要支点。比如，在以前，界面和界面之间的切换本是一个不受关注的交互动作，而如今，则经常要求由"转场动效"来提升这一动作过程的体验效果。与之相伴的是，动效设计几乎成了每一位界面设计师的必修课。根据调研发现，在2019年，设计师们对动效设计有了如下新的认识。

第一，不仅要在可能的条件下积极地应用动态效果，而且还要让动态元素表现出更加合理的运动。具体来说，就是要正确、有效地呈现动画并传递信息，确保体验出色，不让人厌倦。为了实现这个目的，设计师不仅要懂得动画的运动规律，而且要懂得在界面设计中使用动效的心理学效应。

第二，与静态的布局、光影和材质相比，动效所传递的信息多了很多，哪怕是Logo，加入动效之后，都会呈现出不同的样子。但是在做动画之前，一定要想清楚"做动画的意义什么""到底要传达怎样的情绪与信息"，切不可只是为了丰富视觉体验而贸然添加动画。

第三，让动画传达出与功能相贴切的"人性化"意味，是为用户提供愉悦体验的关键。

最后，尽管动效对于提升交互界面应用体验的价值已经非常明显，但截止到2019年，动效的应用还主要集中于面向手机、iPad、iWatch等产品的传统界面设计领域。在车载交互等其他产品类别的界面设计领域还有很大的发展空间。

2. 静态视觉设计

到了2019年，用户们似乎已经厌倦了一成不变的几何图形或简单的线性图标，而更为个性化的界面风格、人物表现和绘画形式，则越来越受到青睐，特别是年轻人的青睐。可能正是因为这一原因，2019年，是视觉设计领域最不把技术当回事儿的一年。因为很多设计师都清楚地知道，只有让设计对用户产生有效的情感影响，才能满足用户的上述审美需求。能对此帮上忙的，是审美意识的提升，而不是技术的娴熟。根据调研发现，在2019年，设计师们主要采取了以下设计策略来满足用户们的审美味蕾。

第一，用足够美观的图片来进行画面的布局。

第二，用CAD或AE等软件，渲染出平面化的"仿3D"效果，以此提供一种独特的视觉感受。当然，这种设计手法不仅被用于静态的画面表现，也时常用于动效的设计。

第三，使用更为丰富和细腻的渐变色设计。具体的设计手法包括：使用协调的同类色来构建色彩的变化；为画面营造明确的光源感；让色彩渐变与基于形状设计的画面布局相融合。

第四，用更为复杂和令人印象深刻的设计元素来吸引用户。其中主要包括特立独行的插画，或是借助设计要素对真实世界进行不同方式和风格的还原或是变形。

第五，使用各种叛逆的设计风格来吸引用户。

此外，根据有限样本的调研，在2019年，大部分设计师都能意识到，无论用怎样的视觉形式来吸引用户，始终都要保证界面功能的明确和易用，否则设计的形式感就失去了意义。

四、新的体验竞争策略：讲故事

早在前几年，以下现象的发生频率就开始越发地频繁：如果一个产品或服务提供了不合格的用户体验，那么用户将在瞬间抛弃并替换它。而进入2019年之后，UX设计师则面临着更大的挑战，在很多产品领域，可用、易用、美观等传统的用户体验价值，已不再被看作是一个独特的卖点。真正帮助一个产品脱颖而出的，变成了产品所能交付给用户的"一个期望"。再说得清楚一点就是，产品许诺给用户的一个故事。心理学对此的解释是："人类有这样一个认知特征：当听到一个故事时，人们大脑中的神经活动会增加五倍，这意味着与单点信息相比，我们更有可能记住由一个故事所传达的信息。因为在这个故事当中，不仅存在着事件发展的逻辑链条，还散发着情感与情绪的影响。当你听说一个人被一件产品或是一个环境所迷住时，实际上他很可能是被与这个产品或环境所关联的故事迷住了。"

不管怎样，在2019年，一些敏感的企业捕捉到了这一体验趋势，并开始思考如何让产品讲述一个诱人且令人难忘的故事，以此来彰显产品与品牌的差异化价值。就此，讲故事，成了寻求体验创新的一个新的重要途径，且该趋势越来越明显。

对于UX从业者，显然又多了一项新的学习任务。而且不得不说，要想讲一个出色的故事，的确是一项艰难的挑战。然而，对于那些能讲好故事的个人和企业，这则是一个巨大的机会。

五、一个值得警惕的误区：功能越做越多

可能是由于整体经济环境的不景气和新一轮资本寒冬的到来，大约从2017年开始，新产品研发的数量逐渐减少，大部分产品团队都将主要精力放在了对现有产品的优化性创新上。然而在这个过程中，其中的很多团队走错了方向，他们努力让产品的功能越来越多，覆盖的场景越来越广。这使得用户体验因产品的复杂而变得越来越糟糕。

而在2019年，有一些从业者开始对此做出反思，伟大的产品不是做得更多，而是做得更好。其中包括的一个重要因素是，要不断优化产品的"适应性"。即让产品能更好地识别用户在不同场景下的意图，针对性地满足符合用户在当下场景的需求，而不是简单地将所有场景的需求堆砌到一个产品当中。

六、人工智能在体验设计中的应用

大约从2016年开始，我们就看到人工智能技术在移动互联网中得到了广泛的应用。截止到2019年，消费者最常用的人工智能功能有智能语音助手、人脸解锁、智能地图、智能拍摄和智能美化。在这些功能中，智能语音交互，对未来交互方式的变革起着更为重要的影响作用。近几年来，围绕语音交互应用场景的技术研发不断升级。大量科技公司研发出了自己的智能音箱，或是把产品的界面交互从GUI变成了VUI，从而不再需要触屏输入，没有按钮，也没有菜单界面。技术的进步必然会带来效率的提高，人工智能可以越来越全面和准确地理解用户提出的个性化需求，并以自然的方式与之进行交互，从而快速处理跨应用的多项任务。

其中，依靠人工智能和机器学习技术的不断发展，谷歌的智能语音助手发展迅速。在2018年，用户已经不必对每条指令都说"Hi谷歌"。而且，基于新推出的Duplex技术，用户可以打电话到餐馆或理发店预订相关服务。而到了2019年，用户不需要说唤醒词，只需拿起电话，就可获得相应的帮助。其中包括租车、回复信息、和朋友分享照片、写电子邮件，以及做其他跨应用的任务。

更为重要的是，由于VUI在很多时候可以降低用户操作成本、缩短操作流程，在这几年里，越来越多的用户养成了使用语音交互的习惯。根据康姆斯克（ComScore）公司在2019年的调研报告可以发现，拥有语音助手的用户中72%的用户表示，语音助手已经成为他们生活的一部分。该公司还预测，到2020年，50%的搜索功能将变成语音搜索。不过，截止到2019年，国内的人工智能音箱的体验质量还

很不尽如人意，经常被用户称为人工的愚蠢语音系统。到了2020年，50%的语音化搜索转化也似乎还未能达到。

七、对"设计体系"再认知

早在2017年，设计体系（Design System），就在体验设计，特别是其中的交互体验设计领域中成了一个热门的话题。大约从2018年开始，关于这个主题的文章、演讲随处可见。此外，不论是在国内还是国外，"设计体系"工具的发展都很迅速，相关的工具和平台也不断涌现。到了2019年，来自国内的Ant Design、蓝湖的业务成绩还超过了国外的竞争对手，成为国内最常用的"设计体系"工具。

此外，在2019年，有很多前瞻的设计师表示，要想让设计体系工具发挥真正的作用，就不能仅仅停留于构建设计规范、组件库和代码库，同时要与企业的愿景、价值观、协同机制、工作链条进行整合考虑。即，一定不能忽视基于商业目的的战略性设计体系（西方称之为The Systems Behind The Design）的建设。

八、UX 写作的再发展

在过去的很长一段时间里，数字产品的界面中充斥着各种专业或是高深的技术术语。不过后来，设计师们逐渐意识到："这样做是不可行的。因为这经常会造成信息传达的不顺畅，甚至是造成误解。为此，设计师必须要用通俗易懂的信息来保证沟通的顺畅。同时还要保证信息的诚实性、清晰性且不隐藏缺陷。并且时刻要专注于对用户的帮助，绝不能为炫耀文笔而滥用华丽的辞藻，或是为了SEO而加入一些会扰乱文案逻辑的词汇。"此外，事实证明，借助更好的UX文案，不仅能提高产品的易用体验，而且能让产品和服务更好地同用户产生情感关联。

我们可以看到，从2018年开始，UX团队已经比以往任何时候都更加关注内容的遣词造句，并希望以更加精准和富有影响力的表述来掌控与用户的沟通效果。为此，在这一年里，有更多公司增设了"UX写作"这一职位来专门负责此事。进入2019年以后，这一趋势则变得更加明显。其中，有该岗位的工作人员这样总结道："只要心中怀有尊重和为用户谋求最佳易用体验的目的，UX写作就并不是难以驾驭的工作。"

值得注意的是，UX写作和语音用户界面之间有着非常紧密的关联，因为在VUI这个看不到的用户界面中，语言本身就是最重要的"界面"。进入2019年以后，除了技术的研发，我们看到相关的大部分主流公司都在"如何通过语言表述来提升产品的用户体验质量"方面有了更高的追求，并设立了专门的职位甚至是职能团队来负责这方面的工作。

九、智能手机的新发展

从智能手机行业来看，2018年，是全面屏智能手机爆发的一年。也正是这一年，由于全面屏智能手机的功能布局方式的变化，Vivo NEX和OPPO Find X推出了升降式摄像头。当时，在很多人看来，这是最好的解决方案。没过多久，很多大的手机品牌争相模仿。也有一些厂商另辟蹊径，推出了饱受争议的滑屏设计。不过不管怎样，这些新的设计方式上市后，都在一定程度上带动了一波消费热潮。

　　然而，时隔一年之后，不论是升降摄像头，还是滑盖屏方案，都没有成为主流。反而"刘海""水滴"甚至挖孔屏又重新回归，并再度成为市场的主流。究其原因，虽然Vivo NEX和OPPO Find X采用了不同类型的升降结构，但理论上都是通过机械结构将前后置镜头隐藏。于是，机械式结构的增加，导致手机变得十分笨重，同时还会存在防水等级降低和进灰的风险。很显然，用户并不希望因追求全面屏而丧失其他方面的实用性。

第 11 节　UX 2020~2021

　　对于2020年和2021年，如果问哪个词最热门，那肯定是新型冠状病毒。自该病毒在2020年初席卷全球，世界上几乎每个人的生活、工作、学习、娱乐、出行的方式都发生了显著的改变。尽管2020年下半年开始，不同地方的疫情得到了不同程度的控制，但直到2021年，疫情也还远没有结束。在这一过程中，人们不仅被动地习惯了新的生活方式，同时也开始对人类和世界运行的方式、生活的意义进行着某种更为深邃的反思。其中，某些似乎已被时代所淡忘的老问题又重新回到了大家的思维视野。在该背景影响下，UX行业在2020至2021年的发展，除了延续着某些过往的发展趋势，还以各种方式体现出了带有明显疫情环境之专属特征的演进图景。本节就对该发展图景中的主要内容进行介绍。

一、反思性设计话题的加速升温

　　大家对人类行为、社会形态、科技升级和设计实践之演变的反思，早已有之。但在2020年，可能是因为全球化疫情的突然出现，加上气候变暖的持续（有更多的媒体开始报道南极冰川的消融似乎有加速的趋势），更多人开始采用不同的视角去审视2020年以及过往的十几或几十年间所发生的事情，甚至有人开始对反思本身进行某种方式的反思。在这种思潮的影响下，人们对世界之各层面与各维度的惯性理解发生了不同程度的转变。就设计行业而言，在2020年，除了"为幸福而设计"继续是大家关注的热点议题，"为未来而设计"和"以地球为中心的设计"成了新的重要话题。通过对上述这些热议话题的分析，包括体验设计在内的整个设计行业，已经开始对以下问题提出密切的关切与反思：第一，以人为中心的设计理念是否已经显得有些狭隘？第二，什么样的设计才能真正为人和社会带来幸福？第三，对于人和社会，什么才是真正的幸福？在过往，我们是否太局限于对物欲的满足的关注？一方面，只要稍加分析就不难发现，以上三个问题几乎就是对一个更为本质性问题的三个不同侧面的表述。

这个更为本质的问题就是，我们以往所热衷和推崇的理念与价值，是否发生了方向性的错误？另一方面，这场疫情的到来，已经迫使人们在行为和思想两方面做出了某些客观的改变。从而，我们有理由相信，随着人们对上述问题所给予的更为深刻的反思，大家的"体验价值观"势必会逐渐发生某种相应的转变。

二、因疫情而出现的新的体验设计趋势

首先，疫情的出现，迫使学校和很多企业进入远程工作的状态。由于大家并不知道疫情会在何时完全结束，于是很多疫情已经减缓的地区的组织机构也倾向于让远程办公成为机构运行的一个常态化平台。这势必推动技术、数字营销、设计理念的重塑，因为所有这些要素都必须回应诸多新情况的出现。比如，远程办公使得人们在屏幕前花费的时间比以前更多。又比如，大部分远程办公都是在家中进行的，这使得家庭成员之间的相处时间变得更长。

其次，新冠疫情的大流行急剧加速了数字医疗的发展。具体来说，大流行后，一方面，服务于远程医疗的可穿戴设备（如远程心率、血压、步伐、睡眠检测设备）、虚拟现实和人工智能的技术研究推进以及相关新产品的激增是显而易见的。有些市场调研机构推测，在2021年，这些要素的发展都有望达到一个罕见的新高度。另一方面，疫情迫使与医生的咨询或预约需要通过数字方式完成，且这种趋势在2021年也继续保持不变。

再次，为了尽量减少触碰，人们更乐于通过语音激活功能，并借助语音用户界面输入指令及获得所需信息。这进一步推动了大家对语音交互体验问题的关注。

三、AI 在设计实践中的进一步介入

现在，大家都已经接受了这样一个现实：基于人工智能的计算机设计成为对人工设计实践的有效补充。在2020年，这一趋势仍在升温，更多的用于满足人类需求的设计实践，由人工设计过渡到了由计算机程序来代为完成。以前，设计和测试适合给定项目约束选项可能会花费大量时间、精力和金钱。但现在，有了可以帮助实现更高效设计决策的计算机程序。借助这些程序，通过设置参数和约束条件，就能让我们的计算机绘制设计选项，并在屏幕上进行测试。一方面，这使得大量的设计工作从人的肩膀上移走了。另一方面，又使得人们不得不加紧思考，在AI的时代里，人的独特价值是什么。随着AI技术继续升级，相信在2021年，这也会是一个被继续思考和关注的话题。

四、需要 UX 从业者能更加理解和掌控业务

到了2020年，有更多的公司看到了业务与设计实现有效结合所带来的好处。为此，更多的公司开始希望UX从业者在拥有设计创造性的同时，还能更加理解和掌控企业的业务，并能够让那些疯狂的创新想法在现实世界中成功落地。具体来看，企业希望UX人员做出如下贡献：第一，让设计思想在制定

业务战略时提出有关于产品体验策略方面的重要建议；第二，在执行环节，让业务与设计有效地编织在一起；第三，基于对整个产品生命周期的理解和沟通，为研究、开发、设计、测试、营销策略、产品报废和迭代整个业务链条提供整合性运行指导；第四，这可能也是最重要的，那就是需要UX从业者具备深刻理解人及其需求的能力，并能在此基础上高质量地完成用户需求调研的工作。

五、需要更多的专业 UX 人员

由于疫情的影响，在2020年底至2021年初，大家不断看到包括很多知名企业在内的裁员信息。然而，从总体上看，随着企业意识到体验设计对于增加产品竞争力的重要价值，在所有的招聘需求中，企业对于UX的需求量在比例上继续呈现出上升的趋势。其中，需求最多的，就是具有产品开发经验的UX专业人士。对于此类人才的典型招聘需求是（以亚马逊、谷歌、微软和爱彼迎公司的招聘信息为例）：第一，具有开发和使用样式指南经验的UX设计师；第二，UX设计师需要具有与数据科学家和工程师在高技术水平上进行交流的能力；第三，具有项目管理经验和基于体验视角的写作能力；第四，能够在研究、开发、设计、工程、内容、市场营销和业务战略的交汇处发挥领导作用；此外，很多企业还希望UX实习生能够在图形设计、视频编辑和3D建模方面具有精湛的技能。

六、整车体验问题开始受到车企关注

一直以来，在UX行业历史、主流科学研究方式、现有文化气氛等因素的综合影响下，几乎所有的体验设计实践，都是面向一个特定体验维度的专门性研究与设计实践，如交互体验设计、审美体验设计、易用性设计、情绪体验设计、视觉体验设计等。相比较之下，基于对各体验维度之综合考量的整体性产品体验研究却很少被大家提及和讨论。在汽车产品的设计领域，也是如此。

自汽车行业开始意识到体验设计的重要性以来，与汽车产品相关的体验设计与研究工作，主要集中于对以下五个问题的关注和解决：第一，基于感性工学的色彩与材质设计研究；第二，基于感性工学的造型体验设计研究；第三，面向车载交互系统以及其他车机功能的易用性问题研究；第四，面向自动驾驶行为的操作体验研究；第五，面向语音识别的交互体验研究。只要稍加分析就会发现，上述体验研究实践在总体上表现出这样一个特征：大家都习惯于针对某一局部性的体验问题开展"单点突破"式的研究，而很少对全局性的整车体验问题给予思考和探究。

然而，大约从2020年的下半年开始，作者发现这一状况有所改变。根据与汽车行业的交流，截止到2020年底，在国内，至少已经有两家合资企业提及了对整车体验问题的关注。而在2021年初，这两家企业又纷纷发布了相关的招聘信息。他们发布的职位名称分别是"整车体验规划"和"整车体验"。不过，根据不完全的调研，目前还没有发现有国外企业发布类似的招聘信息。

七、对增强现实的继续看好

在2020年至2021年，商业与体验设计领域继续看好增强现实（AR）的未来发展，认为AR是未来派的重要组成部分。其中，很多用户体验设计师将其视为未来用户体验趋势的必然性选择。在2020年，可以看到增强现实已经以更多新颖的方式被接受。根据数据统计所显示的趋势，在未来四年，全球AR产品市场可能激增至1650亿美元。可能同样是因为对AR未来的看好，像苹果这样的知名品牌也开始基于对AR技术及适用场景的考量而重新制定产品战略，并旨在为用户的日常生活打造可以更为轻松使用的产品。为此，苹果公司正在着手开发多种AR产品，例如可以无线连接到iPhone的数字眼镜，以及可以将光束内容（如电影、地图等）传递给佩戴者的产品。

第三章
UX 学术研究的推进

从招聘要求、岗位职责等这些表面信息看，UX的确是一个很典型的实践性行业。再从面向UX的高等教育看，即便是高层次的研究生教育，开设的课程也基本是培养专业型硕士，且只是把培养学生的实践能力作为首要任务，而很少提及对获得高水平学术成果的诉求。就更不用说进入2017年之后，企业界对UX岗位的实践绩效提出了更高和更明确的要求。

可能正是出于以上原因，特别是在体验设计刚刚兴起的几年里，每当作者与UX的从业者和学习者谈论起学术训练的必要性时，很多时候，大家的表现都是将信将疑，甚至对此嗤之以鼻，认为这是挂靠着高大上标签的花拳绣腿。但后来，由于"体验创新之窘境"持续存在，从业者不得不对UX的实践方法与实践策略进行更为深入的思考。在这一过程中，尤其是从2017年开始，越来越多的从业者意识到，在UX工作中，以用户调研为代表的诸多实践任务，都对从业者的准学术研究能力提出了客观的要求。在这之中，有一些从业者还明确认为："用户体验，天然就是一个带有研究性质的工作岗位。"

具体来看，根据对UX工作的实践任务的分析，我们可以发现至少在以下五个方面，学术训练为高质量的UX实践提供着必要的助益。

第一，当阅读完本书时大家会看到，UX工作从用户调研，到设计解决方案，再到设计方案验证，是一个存在着紧密的前后联系的工作流程。一个环节的工作若是差之毫厘，后面的工作可能就会谬之千里。于是，就需要每一个环节和每一步骤的工作都能保证高度的科学性、严谨性与周密性。而学术的研究方法与范式，恰恰能为此提供绝佳的保证。

第二，就目前来看，尽管所有的UX实践几乎都会遵循一个大致相似的流程来展开，但在该过程中，却无法按照一个固定的套路来组织具体的实践方法。而唯一可行的实践途径，就是运用问题导向的思维方式，针对具体任务灵活组织实践步骤以及所需的方法与工具。那么，如何才能培养出这种问题导向的思维方式呢？学术训练，不敢说是唯一的途径，但绝对是最佳的途径之一。

第三，特别是在用户调研阶段，时常需要用到来自心理学、社会学、人类学等学术领域的理论框架或是专业性的研究方法与工具。若想能娴熟且专业地运用这些知识，就不可避免地需要占用一定的时间对其展开准学术方式的学习。

第四，保持对学术界的关注，还便于随时从前沿的学术研究成果中吸取养分，从而为审视各类实践任务和思考实践方法提供更为有效的思维模型。

第五，如今，我们都已经很清楚，UX是一个典型的跨学科知识领域。而在这些相关学科中建立起的学术性认知，在为更高质量的UX实践提供具体帮助的同时，还可以为培养所需的高级思维方式提供必要的帮助。

综上所述，无论是初学者还是已经具备一定经验的从业者，若能有效建立起必要的学术素养，对自己的UX职业发展是大有裨益的。而了解和掌握UX学术研究的进展情况，便是为建立这种素养所要做的基础性工作。然而，由于UX领域的学术文献的数量很多，仅是对这些文献进行一次完整的统计整理，就需要由几名成员组成一个团队，耗费一个不短的周期（也许是两周，或者更长时间）才可能完成。就更不用说是将这些内容都阅读一遍了。于是，特别是对于初学者，"应该采取什么样的方式，才能相对高效和快速地进入到对UX学术进展的认知"，就成为首先要回答的问题。本章的第1节内容，就将对此问题进行探讨并给出建议。

第 1 节 如何了解 UX 的学术研究进展

特别是对于初学者，面对庞大的文献数量，要想了解UX领域的学术研究进展情况，应该从何处入手呢？相信大家在了解了以下两件事后，心中自然就会有答案了。

第一件事是，就目前来看，UX的学术研究大致可以被划分为如下两个组成部分：第一部分是，对"什么是UX"的回答（其中也时而连带着对基础性UX实践方法论的探讨）。具体来看，自用户体验（UX）概念萌芽时起，就已经开始有对这一问题的各种回答与探讨。在2001年至2010年这10年间，有较多的相关学者对此前的研究内容进行了综合性的研究与梳理。其中，既指出了大家较为一致认可的UX概念界定方式，同时也指出了各种界定方式存在的问题，为下一步的研究工作提出了任务。不过，大约在2010年（由iPhone的问世所推动的创新体验设计大潮于本年正式拉开序幕）之后，可能是由于以下两个原因，学界对"什么是UX"这一问题的关注度降低了很多：第一，是大家基本获得了至少暂时能够用以满足指导UX实践的"用户体验"定义；第二，是学界中的大部分研究力量开始转入对各个垂直（细分）UX实践领域的研究。这也就是UX学术研究的第二大组成部分。这部分的研究文献，几乎占到了当今UX学术研究文献总量的90%以上。

第二件事是，不论对于任何一个垂直（细分）的UX实践领域，其相关工作的实践基础，都离不开对相关"人类行为"的深入理解。而这些与具体垂类产品相关的"人类行为"规律，又与"所有人类行为的底层活动机制"所表现出的"普适性"和"底色性"行动规律具有紧密的联系。

由此可见，特别是对于初学者，理应依次从如下三个方面入手，建立对UX学术研究的基础认知。

第一，关于"什么是UX"的研究内容，特别是最新研究进展。

第二，关于"人类行为的底层活动机制"的研究内容，及其最新研究动向。

第三，关于自己所从事或感兴趣的垂直（细分）UX实践领域的研究内容，及其最新研究动向。（不过由于UX细分实践领域众多，所以与之相关的科研内容无法在本书中进行呈现。读者可通过百度学术、谷歌学术、中国知网、Web of Science等学术搜索引擎，输入关键词，查询相关文献。）

本章的第2节和第3节内容，将分别对关于"什么是UX"和"人类行为之底层活动机制"的学术研究进展进行介绍。在第4节，则对当下UX学术研究中存在的误区进行探讨。

第 2 节　什么是 UX

UX，是所有UX工作的核心实践对象。所以，对"UX到底是指什么"这一问题的有效回答与充分认知，是顺利开展各类体验研究与设计实践的基础和前提。自体验问题受到行业和学界的关注以来，为回答"UX到底是什么"这一问题贡献最多的，莫过于广大实践者和学者为定义UX概念所做出的努力。为此，在本节的第一部分和第二部分，将介绍目前学术研究成果对UX概念之外延与内涵的界定与阐释，并会基于UX实践的任务与目的，指出现有界定方式中仍存在的问题。在第三部分，将对与探讨UX概念界定相关的史话进行介绍，对这些内容的了解，将帮助读者对UX行业的实践任务形成更为真实、鲜活的感受，进而为深入和灵活地掌握与运用UX的理论知识提供必要的助益。

一、UX 概念的外延

目前，结合行业与学术界的综合意见，国际标准化组织将UX定义为：A person's perceptions and responses that result from the use or anticipated use of a product, system or service（体验，即人们在与一个产品、系统或是服务的互动过程中所形成的主观感受。其中的"互动过程"既指称实际使用产品、系统、服务的过程，也指称在实际使用之前对产品、系统或是服务的体验内容与质量的预期阶段）。一方面，根据莱斯特大学埃菲·劳博士（Dr. Effie Law）的调查研究，上述界定基本反映了行业和学界中界定UX概念之主流观点的核心内容。另一方面，对于认知和理解用户体验研究与设计的实践现象来说，上述定义，似乎也已经为此明确地圈定了实践对象的属性与范畴。

然而，一旦开始具体的体验研究与设计实践就会发现，以上这个界定并不能为体验研究与设计提供一个确切的实践对象。因为它只是阐明了UX概念的外延，而没有指出UX概念的内涵。具体来说，就是没有指出在用户体验现象中到底包含着哪些具体的体验要素。要解决这一问题，势必需要建立一个有效的用户体验分类体系。对于体验研究与设计实践的任务而言，显然既需要该分类体系能囊括所有的体验因素和解释所有的体验现象，同时还需要让体系中的每一个体验类型都能指称一个明确、具体的体验范畴。那么，现在是否已经有一个成熟的用户体验分类体系可供大家使用了呢？下一部分内容就将对这一话题展开介绍。

二、UX 概念的内涵：现有的"体验分类"研究

尽管已经有学者意识到体验分类问题的重要性，并开始着手为建立该分类体系而做出重要的努力，但到目前为止，还未能获得一个足够完善的解决方案。这使得用户体验研究和设计实践无法获得足够明确的研究与设计对象。进而又导致人们无法基于一个明确的做事边界，以有的放矢的方式，去从容和稳健地审视产品现有的体验问题，以及规划长期的产品体验战略。具体来看有以下几个方面。

1. "体验分类"研究的现有成果与问题

有一件令人很不解的事情是，尽管推进"体验分类"研究对于阐明UX概念的内涵具有重要的意义，但就目前来看，在UX的学术界，"体验分类"还并未成为一个主流的"显学"话题。通过在ACM Digital Library、Google Scholar Search、Research Gate三个平台进行文献检索发现，目前直接针对"体验分类"所进行的学术研究只有以下三项。

首先，是马科斯（Marcos）的模型。马科斯将愉悦设计理论、情感设计理论和体验营销理论作为研究的起点，并基于对这三个理论框架的分析，借助演绎推理的方法，指出用户体验现象中包含着六种体验类型：第一，心理愉悦体验；第二，生理愉悦体验；第三，社会性愉悦体验；第四，动机体验；第五，易用性体验；第六，功能体验。

其次，是何克特（Hekkert）和皮耶特（Pieter）的模型。在论文*Framework of Product Experience*中，皮耶特接受和继承了何克特的观点，通过对产品体验现象的再分析，认为用户体验现象是由以下三种要素构成的：第一，审美体验；第二，意义体验；第三，情感体验。

再次，是麦卡锡（John McCarthy）和莱特（Peter Wright）的模型。麦卡锡和莱特认为，应当把产品体验概括为构成性的、情感（情绪）的、感官的和时空的四个维度。他们还认为，这四个维度在产品体验中深深地相互嵌套为一个有机的整体，它们共同构成了一个完整的产品体验。

值得肯定的是，对于帮助对体验现象形成结构化的理解，以上的三个理论模型都表现出了有益的阐释力。但对于指导具体的体验研究与设计实践而言，这三个模型体系存在如下不足。

第一，在这些模型中，有一些体验要素未能指称一个足够明确的体验范畴，从而没能为体验研究和设计实践呈现出足够明确的研究与设计对象。比如，根据美学研究成果，审美体验与普通的生理感官体验相比，在体验机制上存在着显著的不同。但马科斯将审美体验与其他生理感官体验一同归入"和感官相关的体验"。再比如，情感体验既可能是一种独立的体验，也可能是因审美体验与意义体验而产生的后续体验。但何克特和皮耶特将审美体验、意义体验、情感体验确定为并列结构。

第二，没有说明这些模型体系如何能涵盖体验现象中的全部体验要素。

第三，在上述研究中，没有发现可以解决以上两个问题的任何途径。

2. 对于后续研究的启示

尽管现有研究成果还存在着上述不足，却对后续研究给出了如下重要的启示。

首先，根据对用户体验研究与设计的实践任务的考量，要想建立有效的"体验分类"体系，就必须让该体系中的每个体验类型都能指称一个基于明确和独特体验机制的体验范畴。因为，只有这样，才能为体验研究和设计实践提供确切的实践对象。那么怎样才能获得这样的体验分类呢？根据对以上研究工作中的研究方法的考察发现，"愉悦设计理论""情感设计理论""体验营销理论"等与"用户体验"存在某种逻辑联系的现有理论框架，似乎能够对体验现象给予基于某种底层视角的阐释。可能也正因如此，人们可以从这些理论框架出发，以"自上而下"的方式，演绎推论出对于体验现象的某种概括性分类，并以此对体验现象进行"粗线条"的结构化阐释。然而，并没有逻辑表明能够通过怎样的途径基于这些既有的理论框架推论出足够细致的"体验分类"，且能囊括所有的体验现象。与之相对，基于对各种体验现象的观察、感受和分析，时常可以借助"自下而上"的方式，对隐藏在体验现象之中的各种体验机制进行"归纳"式的发现与总结。即，单纯依靠既有理论框架的演绎推论方法，并不适用于"体验分类"研究，应以基于经验考察的质性研究作为补充。此外，通过比较各种具体的质性研究方法的特征与适用范围，基于现象学方法的质性研究，是最为适合用作开展"体验分类"研究的研究方法。

其次，对每一个体验类型的界定，都需配合恰当和充分的体验现象的实例，且对该体验类型的概念给予说明。这既能帮助更加具体明确地阐释每一个体验类型的概念，同时也便于让后续研究者对每个体验概念的有效性做出直观和切实的判断。

最后，尽管现有研究成果中的某些体验分类存在着模糊性的问题，但所有的这些分类概念很可能会为在后续研究中发现新的和更为具体的体验类型提供重要的提示性线索。

3. 值得注意：非学术性的"体验分类"探索

还值得注意的是，对事物进行分类，是人类认知事物的一种基本的思路与方法。不仅是学术界，UX行业中的很多实践者，也时常基于各自的工作经验与目的提出相应的"体验分类"框架。只是他们并不一定是用"体验分类"这个词来称呼这件事。比如，知名的信息架构专家，曾被誉为"信息架构之父"的彼得·莫维尔（Peter Morville），就提出了用户体验的蜂巢模型（User Experience Honeycomb），如图3-1所示。

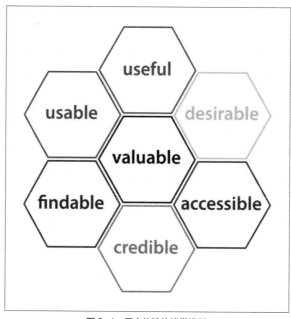

图 3-1　用户体验的蜂巢模型

Useful（有用），指"作为实践者，不能满足于按照管理者的旨意行事。我们必须有勇气和创新能力去查看产品和系统是否有用，以及有没有更有创造性的想法使方案更加有用"。

Usable（可用），指"容易使用当然意义重大，但面向界面的方法和人机交互的观点并不能解决网站设计的所有问题。总之，网站的可用性是必要的，但还不足够"。

Desirable（合意），指"情感设计的各个方面，图形、品牌和形象等都是有独特价值的"。

Findable（可寻），指"我们必须努力设计可以方便导航的网站，用户可以找到他们需要的东西"。

Accessible（可接近），指"即使网站是高效的，我们也要适合障碍人士使用"。

Credible（可靠），指"影响用户相信和信赖网站的因素"。

Valuable（价值），指"我们的网站必须能够带来价值。对非营利性网站来说，用户体验必须促进完成目标。对营利性网站来说，网站要为投资人贡献价值并提升客户的满意度"。

由于篇幅所限，在此就不再对其他来自行业的"体验分类"框架逐一进行介绍了。不过要向读者说明的是，首先，所有这些来自行业的"体验分类"框架都表现出一个共同的优点，那就是其中的体验要素通常都是一线实践者对实际工作中的真情实感的反思与分析而总结出来的。所以，对于后续的"体验分类"研究而言，这些内容具有宝贵的参考价值。其次，与来自学术界的研究成果相类似的是，这些来自行业的分类框架通常也存在如下缺欠：第一，未能涵盖全部体验要素；第二，各体验概念之间时常存在相互包含和范畴重叠的问题；第三，没有逻辑表明如何能够基于这些框架自身来解决其中所存在的上述两点问题。

三、与探讨 UX 概念界定相关的史话

在通常情况下，与一个主题相关的史话的累积，并不能提供一个结构化的知识系统，然而，却时常能为寻找相关问题的答案提供一个大致的路径，或是灵感的来源。对于探讨UX概念的界定问题，便是如此。

1. UX 概念内涵的逐渐扩充

如今，尽管UX概念的内涵仍是模糊的，但与十几年前相比，其内容已经在很大程度上获得了有效的扩充与丰富。这对于为各类体验研究与设计实践提供理论指导而言，已经具有了重要的意义。

如第二章中所提及的，用户体验概念（UX）刚刚诞生的时候，主要流行和应用于人机交互设计（HCI）领域。同时，相关从业者认为，用户体验，主要指称的就是交互产品的"易用性"问题。因此那时候的UX工作的主要内容，就是基于用户中心原则的"产品易用性"测试、分析和评估，并以此确保互动产品的工具性价值。

然而，自用户体验概念诞生起，"UX的核心在于产品的易用性"这一狭隘的观念不断受到挑战。比如，在定义用户体验概念的早期尝试中（约1996年左右），就有学者指出："诚如审美需求是一般的人类需求，因此审美价值是评判技术质量的重要因素之一。而且，美是目的，而不是手段。"很显然，审

美，是超越了单纯工具属性的体验要素。这预示着，除了产品的易用性因素，UX的范畴至少还应该将审美因素纳入进来。

又比如，同样大约是在UX概念刚诞生时，就有从业者意识到，主观幸福感等情绪因素是交互产品设计所应关注的重要因素。此后的"情感计算"项目便是为解决相关问题所做的开拓性尝试之一。

再比如，产品设计专家马丁（Martin）等从业者在2000年时指出："惊讶、注意力的被吸引或亲密感等一系列特定的非工具性需求，都应该通过技术来予以解决。"即，需要受到产品体验设计工作的关注。此后不久，这些想法开始逐渐传播到HCI的研究与设计实践中。

最后，根据学术界的调研与总结，从传统的可用性因素到美感、享乐、情感等其他体验因素的加入，以交互设计为主的产品设计领域花了大约10年的时间来吸收这些想法，并逐渐将之用于实践。

2. UX：尚不是一个独立的学术领地

从2010年体验设计热潮兴起至今，虽然UX问题已经在各种会议和专题讨论会上得到了丰富的讨论，但即使是现在，对于UX的讨论，多是分散于HCI、CHI等综合性或针对某个产品品类的产品设计专业会议中，而直接基于UX概念而设立的专业性会议并不多见，且迄今也没有发现基于UX概念而开办的专业学术期刊。导致这一情况的一个主要原因在于，到目前为止，UX还不是一个独立的学科和学术领地。而这背后的原因就在于UX还缺乏独立的学科基础（即理论基础），其中既包括关于UX的哲学基础，也包括本节第一部分和第二部分所提到的"体验分类"问题。当然，UX的学科基础问题还不止这些内容。但不管怎么说，由此我们可以发现，所有围绕这些基础问题所开展的研究与讨论，其根本目的都在于试图为UX建立一个共同的基础。

然而要进一步指出的是，就目前情况来看，UX貌似还难以形成一个统一的学科基础，其原因在于，对于UX相关问题的研究，大家难以达成一个统一的学科范式。而导致这一状况的原因又在于，UX的讨论分散在各个领域里（如HCI、设计学、计算机学、人类学、艺术学、设计学等），因此UX的从业者与研究者通常持有不同的知识背景、观念取向与经验构成。于是，从整体上看，用户体验研究被各种不同的理论模型所碎片化和复杂化，如实用主义、情感、经验、价值、愉悦、美丽、享乐品质等理论模型。而在研究方法论方面，与这些理论模型相关的研究方法在很大程度上表现出排他的特征。而且通过相关学术调研发现，在很多情况下，这些来自不同领域的UX研究者的专业知识水平越高，他们就越不倾向于接受来自其他领域的研究方法论。

值得注意的是，对于同一问题，不同地域的从业者与研究者还经常表现出具有地域化特征观点的倾向。比如，有一项调研结果表明，对于UX概念的界定问题，芬兰人对用户体验的主观性特征以及情感因素的认同与关注程度最高，而美国从业者对此的认同与关注程度则最低。此外，与美国从业者相比，芬兰从业者还更为强烈地认同用户体验研究的定性方法。总而言之，芬兰和美国的从业者对于UX作为一个主观和情感的概念存在很大的意见分歧。有学者指出，这可能意味着欧洲和美国在看待UX实践方法论方面存在着根本性的差异。对于这种差异，可以用来自这两个地域的研究者关于经验的基本哲学假设的差异来理解。

3. UX：一个还未被理解就开始被使用的概念

正如上面说过的，自用户体验概念诞生起，UX就是一个模糊和动态的概念。情感、愉悦、享乐和审美等特定变量的包含和排除似乎是任意的，这取决于作者的背景和兴趣。于是，"什么构成了一个'良好'的用户体验"一直以来都是一个饱受争议的问题。甚至有一些从业者开始回避对用户体验的定义。但尽管如此，用户体验概念诞生不久，就成为人机交互（HCI）设计领域的一个流行词，并得到了广泛的传播和迅速的接受与应用。在学术界看来，这是一个很有趣的现象，因为它还没有得到明确的定义和很好的理解，就已经开始被大家使用了。通过对交互设计行业的观察，我们大致可以确定是以下原因导致了这一现象的出现：不管怎样，UX向交互设计实践承诺了一个全新的面貌，且在事实上，由于UX概念介入，交互产品不仅变得更有用、更好用，而且还变得更时尚、更吸引人。

第3节　需要但做不到的"人类行为M理论"

正如马克·哈桑纳尔（Marc Hassanal）指出的："设计师无法设计情感体验，只能为情感体验设计背景。"而要想实现有效的背景设计，便离不开对人的理解。具体来说，就是对人的需求以及与之相关的一切物理、心理行为的理解。但随着相关学科的研究活动的进展与深入，大家越来越意识到，人体自身就像是一个宇宙，了解整个人体及其行为的难度，几乎不亚于了解整个宇宙的难度。到目前为止，人们并没有发现一个能够用以解释全部人体结构及其行为规律的理论模型。不过尽管如此，我们还是可以用如图3-2所示的模型，给予人的行为机制一个大致的和基础性的描述。

图3-2　人类行为的大致结构

首先，在所有人的潜意识层面都潜藏着最为底层的行为动机，我们称之为"深层动机"。这种"深层动机"主要由如下因素所组成：人格、情绪特质、个人意识、人性需要、系统性知识以及非系统性知识等。与"表层动机"相比，"深层动机"表现出明显的稳定性，但其具体内容却通常难以被人们自我察觉和发现。

其次，在成长环境、文化氛围、人生阅历等因素的综合影响下，人们的"深层动机"又会外化为"表层动机"，或称为表层意识。其具体内容就是大家经常说的"我想做什么""我想成为什么""我的目标是什么"等。与难以察觉的"深层动机"相比，通过自省，人们在很多时候是可以清楚地认识到这些"表层动机"的具体内容的。

再次，当人们身处某具体活动场景时，"表层动机"就会在"认识习惯"（即需求方式的习惯与偏好）的影响下，推动人们表现出各种具体的物理与心理行为（包括对具体产品形态的需求）。

然而，要想借助上述模型实现对用户行为的完全理解，以及对未来可能的行为进行有效预测，并不是一件容易的事。其具体的难点在于以下几个方面。

第一，人们通常难以对自己的"深层动机"给予有效自省，于是很难通过常规的访谈、问卷等调研手段获知用户"深层动机"的具体内容。

第二，构成"深层动机"的各个要素之间存在着难以厘清的复杂和微妙的关联与互动关系。

第三，由于时间、空间以及具体情境等或然性因素的影响，"深层动机"向"表层动机"的传导过程时常或多或少地表现出某种不确定的动态性变化。

第四，同样是由于时间、空间以及具体情境等或然性因素影响，"认知习惯"与"表层动机"的互动方式时常表现出某种不确定的动态性变化。

但可以肯定的是，关于上述模型的各种知识点，掌握得越丰富越深入，就能越有效地借助该模型去理解人的现有行为并预测其未来的行为。尽管这并不意味着对用户行为的全部理解与完全预测，但这对于激烈的商业竞争而言已经具有了重要的意义。诚如商界中流传的一句话："在商战中，两败俱伤，只要比他多一口气，你就是赢家。"

本节将从"认知习惯"与"深层动机"两个方面，介绍现有的主要学术研究成果。以此，帮助读者建立起用于理解和预测用户行为的基础性认知框架。

一、关于"认知习惯"

针对当下最为日常的体验研究与设计实践任务，以下为读者汇集了最为常用和基础性的关于"认知习惯"的理论模型。其中的主要内容均来自心理学学术研究的成果。

1. 用户的需求通常是多层次的

很多时候，公司首先能想到和追求的，就是满足客户的某个精准需求。但从用户的需求角度看，问题通常不是这么简单的，因为用户的需求通常是多层次的。一来，除了与满足实用目的有关的需求，用户接下来可能就需要产品表现出设计的简单和优雅，让拥有和使用产品的过程都很愉快。二来，用户也不希望因满足了一个目的，而又在其他的方面出现新的麻烦。总而言之，真正的用户体验远远超出了满足客户的需求（或者称之为"功能清单"）。而且，这些需求层面之间往往有着微妙的联系及相互影响的关系。这使得单独对一个体验维度进行调研通常会成为一种不可行的做法。

2. 情绪的影响作用

情绪，既是"表层动机"的重要来源之一，同时，也影响着"表层动机"在行为阶段的表现方式。比如，根据赫布（Hebb）的研究，太低或太高的情绪唤醒，都会影响行为（特别是工作）的效率。同时，情绪对于生理内驱力也具有放大信号的作用，成为驱使人的行为的强大动力。比如，当一个人缺氧导致恐慌和急迫感时，这种情绪就会放大和增强内驱力，成为驱使人尽快补充氧气供应的强大动力。

3. 审美与实用

2014年，克里斯托弗（Kai-Christoph Hamborg）发表了论文"*The interplay between usability and aesthetics: more evidence for the 'what is usable is beautiful' notion*"。通过对手机产品使用体验的调研发现，用户经常会认为可用性高的产品具有更高的审美价值，即可用的就是美。但这篇论文并未支持"美观的就是可用的"这一观点。不过尽管如此，在实际的消费活动中，我们经常能发现有用户会持有这样的认知偏好："一个具有更高审美价值的产品，应该会具有更高的可用性价值。"由此可见，一个更为全面和合理的说法可能是，对于用户的体验认知而言，审美与实用这两个价值要素之间存在着复杂和微妙的相互影响。但具体的影响方式，需要根据具体的产品品类来进行具体分析。

4. 关于品牌体验

品牌体验不仅包括与产品（服务）的互动，还包括与公司、公司媒介、辅助性服务等一切与该品牌相关之要素的互动。如果把用户体验的范围限定于人与产品或服务的互动过程，那么，品牌体验是一个比用户体验更宽泛的概念。从公司本身、媒体或其他人那里获得的关于公司的每一点信息都会影响品牌体验。此外，当与产品互动时，品牌体验会影响用户体验，我们会原谅一个喜爱品牌的缺陷，并大声指责一个糟糕品牌产品的缺陷，甚至可能拒绝与来自一个坏品牌的产品进行交互。

5. 无意识的处理

目前的心理学认为，大多数的心理过程都是无意识的。我们的大多数决定都是无意识下做出的，或者是由它来决定的。特别是无意识下的情绪对我们的决定有很大的影响。比如，"退休""公园""累了"这些词甚至会让年轻人在大厅里走得更慢。但在通常情况下，无意识的活动都不是在意识监督下进行运作的。这使得很少有人能意识到无意识对自我行为的影响，从而总是会把我们的决定归因于一个理性的、有意识的思考活动。但这从来不是我们采取行动的全部原因，甚至理性有的时候都不是原因的一个部分。

6. 音乐是唯一直抵人心的形式刺激

陈丹青认为"音乐是唯一直抵人心的艺术"，即，在形式艺术中最高级的是音乐艺术。相比较之下，一方面，由于地域文化差异、个人偏好、生活阅历的差异等因素的影响，人们对同一视觉艺术的感受千差万别。而音乐的节奏形式感则在很大程度上突破了这种差异，它会让全世界各地的人们对同一音乐旋律几乎都有着相对比较一致的艺术审美感受。也就是说，音乐韵律的形式感更能直击人的感性认知神经。另一方面，音乐形式通常比视觉形式更能成倍调动人的情感响应。

7. 其他人类认知与接受习惯

（1）一般情况下，人们从来不会希望做太多的工作或想得太多。人们会做尽可能少的工作来完成一项任务。 这也是为什么大量界面设计都为用户提供默认值，从而让人们输入尽可能少的内容来完成一项工作。

（2）人们不能同时进行多项任务。给予多于用户需要的内容，通常只会让他们产生混乱感。

（3）对技术的渴望。人类有着天然的需要。几千年来，人们总是试图借助科技的发展来实现更为高效的工作与更为舒适的生活。

（4）对信息的渴望。这主要表现在以下四个方面：第一，总体上说，人们总是忍不住想要更多的信息。人们通常会想要比自己实际能处理的更多的信息。拥有更多的信息使人们感到自己有更多的选择。拥有更多的选择让人们感到一切尽在掌握。掌控感又让人们觉得自己会生活得更好。第二，人们需要每一件事情的反馈信息。人们需要知道发生了什么。第三，当一个人感觉自己拿不定主意的时候，总是会期待别人指导他们应该做什么。社会心理学将其称为"社会验证"。心理学家认为，这可以解释为何网络评级和评论如此被人们所需要。第四，人们希望做事之前就能了解事情的全部。这对应到设计的策略就是，最好是先向用户展示能显示产品全貌的概要性信息，让用户自主选择是否需要了解更多的细节。

（5）求新求奇。人们天生就会关注不同或新奇的事物。这对应到设计的策略就是，如果做出不同的东西，就很有可能会脱颖而出。

二、关于"深层动机"

同样是为了应对当下主流的体验研究与设计实践任务，以下为读者汇集了最为常用和基础性的关于"深层动机"的理论模型。这些理论模型均来自心理学学术研究的成果。

1．马斯洛的需求层次模型

20世纪50年代，美国心理学家亚伯拉罕·马斯洛（Abraham Maslow）提出了该模型，将人类需求按照从初级到高级的逻辑描述为如图3-3所示的七个层次。纵观所有类型的产品需求，几乎都属于该模型所讲述的需求范畴。

图3-3　需求层次理论

第一层：生理需求（Physiological），指维持生存及延续种族的需求，这也是最为基础的需求。

第二层：安全需求（Safety），指希望受到保护与免于遭受威胁，从而获得安全的需求。

第三层：爱与归属感的需求（Love and Belongingness），指被人接纳、爱护、关注、鼓励及支持等的需求。

第四层：自尊需求（Esteem），指获取并维护个人自尊心的一切需求。

第五层：认知需求（Cognize），指对己、对人、对事物的变化有所理解的需求。

第六层：审美需求（Aesthetic），指对美好事物进行欣赏并希望周遭事物有秩序、有结构、顺自然、循真理的心理需求。

第七层：自我实现的需求（Self-Fulfillment），指在精神上实现真善美合一之人生境界的需求，亦即个人所有需求或理想全部实现的需求。

还需要指出的是，上述七个需求层次，尽管是按照由初级到高级的顺序进行排列，但并不意味"只有某个相对初级的需求获得了100%的满足，更高级的需求才会出现"。实际情况是，一方面，每个相对初级的需求被满足到一定程度时，就会潜藏起来，不再作为决定整体需求表现的组织者，另一方面，当初级需求被满足的程度还相对较低时，更为高级的需求很可能已经开始萌芽。如图3-4所示。

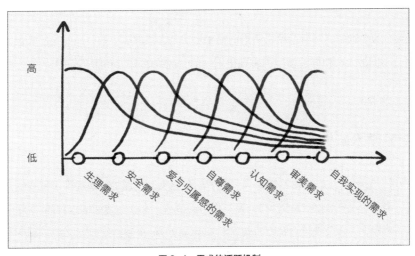

图3-4 需求的活跃机制

至于初级需求何时开始隐匿、高级需求何时开始萌芽，则取决于环境和个人主观特征（见随后的"多重亚自我"理论）的影响。在极特殊的情况下，很可能初级需求只被满足了很低的程度，甚至还没有获得任何满足，高级需求就已经表现得非常显著。

以上就是马斯洛所指出的"优势需求"概念。这对于理解马斯洛需求层次理论的动力结构极为重要，甚至可以说，不懂得什么是"优势需求"，就没有真正搞清楚马斯洛需求层次理论所说的需求更替究竟是指什么。

2. 多重亚自我

如果把马斯洛的需求层次模型比作界定用户之人性特征的纵轴，那么，多重亚自我理论就是横轴，如图3-5所示。每个人的人格深处，都潜藏着多种亚自我，如善良、邪恶、正义、嫉妒、博爱、骄傲、利他、贪婪、恬淡、躁动等。一方面，在不同的情境中，不同类型的亚自我就可能会被激活，这让人格表现出变动性。另一方面，人的成长环境、生活经历，也会让一种或几种与之相关的亚自我沉淀为人格特征的稳定元素。从而，人格特征的综合表现，就是上述"变动的人格"与"人格特征的稳定元素"的结合。

图 3-5　基本需求与多重亚自我

对于界定用户群体而言，尽管马斯洛所讲的需求层次是人类被抹上的共通的人性底色，但不同的亚自我人格又会让不同的人在相同的情境中表现出不同的"优势需求"。可能也正因如此，孔子才说"性相近，习相远也"。

第4节　UX 学术研究的误区

UX领域中现有的学术研究成果之丰硕，已经为诸多UX实践问题的解决提供了重要的支持。但同时还要指出的是，若想让关于UX的学术性努力发挥出最大价值，必须还要知道现有的UX学术研究活动时常会触碰到的一些误区。本节就将对其中的两点主要内容以及如何规避这些误区给予阐释和讨论。

一、"唯定量实证主义"的科研取向

在"科学研究"刚刚诞生的时候，其初始的精神与目的，本是旨在以严谨的方式为人类提供可靠的知识，并以此帮助人类认知世界和解决现实世界中的各种问题。然而，自"实验科学"出现以后，各学科领域的科学研究活动都逐渐被"基于定量方式的实证主义"思维所禁锢，将本是问题导向的探索活动变成了方法导向的局限性研究活动，不仅偏离了科学精神的基本宗旨，也限制了研究对象的涵盖范围。现在，这一问题也经常出现在UX领域的学术研究活动之中。

所谓"基于定量方式的实证科学研究"，就是需要研究者在直接经验中收集可被观测且能用物理和数学语言进行定量描述的经验资料，并以此为提出理论假设或验证理论假设提供依据。它强调问题必须适合于方法，不适合于"定量实证"方法的问题则会遭到排斥，且不会被纳入为研究的对象。在很早以前，就有学者对此提出警告说："若将定量实证原则作为科学研究的唯一标准，那终将导致把方法置于问题之上，从而遮蔽了科学的基本目的。"但遗憾的是，前人的警告并没能阻止"唯定量实证主义"的产生与愈演愈烈。如今，占据了科研活动之中心位置的，是各种仪器、技术、程序、设备以及定量研究方法，而非科学的基本功能、目的以及重要的待解之题。用胡塞尔的话说，"这种实证科学支配着现代人的整个世界，并带来了令人迷惑的繁荣。这种现象意味着那些真正至关重要的问题被大家漫不经心地忽略了"。曾经有一位学界的朋友向作者分享过一个"私房"的观点："现在的学术界之所以坚持使用'定量实证'的研究范式，其中一个很重要的原因，就是为了避免吵架。因为在明确和客观的定量结果面前，大家都只能认可。"在此，我们暂且不去更加详细地讨论还有哪些其他原因导致了这一现象的出现。但必须注意到的是，UX的学术研究活动，同样受到这一问题的影响。

在当今主流的心理学领域，大家通常相信自然科学（实证主义科学）的方法同样适于心理学，而经常忽视人类的心理学规律和自然规律之间的差别，进而又忽略了二者应有不同的研究方式、方法与途径。这导致了对自然科学方法的盲目崇拜与移植，进而妨碍了适于心理学特性的新方法、新技术的发展，并使心理学家忽略了许多虽不适于自然科学方法但却很有价值的问题，如价值、自由、动机等。正如马斯洛所指出的："这种以方法为中心的心理学研究，在帮助心理学追求客观性的同时，却造成了其远离人类的实际生活，并限制了心理学的研究范围，将心理学的研究局限在某一方法或者技术所能许可的范围内。"然而，众所周知，在当下，不论是UX的日常工作，还是UX的学术研究，都大量依赖定量的心理学实证研究方法与范式。于是，"唯实证主义"为心理学带来的局限性问题，又时常出现于各类UX的学术研究中。就这样，由于无法被标准的定量实证研究方法所观测、证实或是证伪，大量有待解决的重要UX问题，被排斥在UX学术研究的范围之外，或是被选择性地忽略了。

二、"单点突破"的科研取向

从表面上看，由于能提供令人信服的强悍逻辑，很多时候，科学家相较于文艺等领域的工作者显得更加硬气，并有一种智力上的优越感。但如果仔细回顾整个科学的历史就会发现，当今的科学家与牛顿、达尔文那个时代的科学家根本不在一个量级上。因为以前的科学家都是科学大家，他们对整个学科有深入、全面的见解，有自己独到的认知框架，并能与公众对话。而今天绝大多数的科学家，则被威尔逊（Wilson）称为"学徒"。他们所做的研究，都是面向极其专业的小问题。比如，通常情况下，所谓的"生物学家"，并不是研究整个生物学，而是只研究一种细胞膜或者一种特殊的动物。他们把这些小问题确实研究得很明白、很深入，但如果让他们说说生物学里那些方向性的、有哲学意义的大问题，用科学专栏作者万维钢老师的话说，"他们没有那个水平"。但仔细想来，这并不能说是因为现在的科学家不够勤奋，而是基于"实证主义"的研究方式自然地就倾向让科学研究的分工越来越细，这导致大部分科学工作者都只面向一个具体的小问题来展开研究。与之相伴的是，现代科学的评价体系，看的是"单点突破"的能力，即，需要在某一个点上获得新的发现。而对于某一领域的全局性思考与见解，哪怕是将其写成了一本畅销书，通常也很难给作者带来学术上的荣誉和学术地位的提升。

在UX的学术研究领域，也是如此。就目前来看，这种"单点突破"的研究取向造成的一个最大问题就是，阻碍了行业与学界对UX的底层问题开展基于整体性和综合性视角的反思。比如："UX发展至今，UX让人类更幸福了吗？"又比如："体验现象中，到底都包含哪些体验机制？"再比如："体验创新的实质任务是什么？"即便是存在某些反思性的研究，通常也是锁定在对某一具体问题的反思，如对某种技术的适用性问题的反思。而且，通常还会将研究方法严格限定在某一研究范式内。无法融入这种范式的其他研究思路，如商学、文艺学、哲学的研究思路，即便可能是有用处的，也通常不会被运用在研究中。这不禁要让人感叹"到底是为了研究而订立范式，还是为了坚守范式而搞研究"？如果是前者，那显然应该针对研究问题，灵活组织和采用各种可能奏效的研究方法与范式，而不是把坚守某种研究范式当作研究工作的目标之一来看待。当然，必须承认，这样做的代价就是，很可能会为研究成果的发表带来困难。因为在如今的任何一个学科领域，几乎都会排斥跃出其主流研究范式的研究内容。也正因如此，每当与学术界的朋友（老师）聊起一些有关于UX反思的问题时，经常有朋友会问："贾老师，你没有发表的压力吗？"对此，作者时常感慨："完全不具备学术背景的人，当然很难以学术的方式来为UX的研究与设计实践赋能。而具备学术背景的人，又总是受制于发表的压力，局限了思考的可能。"

三、如何规避误区

综上所述，"唯实证主义"和"单点突破"的科研取向，不仅限制着UX学术研究所能面对的问题，也限制着研究者的思维空间。那么，如何才能规避这两个科研误区呢？仔细思量，若必须执着于学术发表的效率，那受制于某种研究范式的禁锢就真的难以避免。但若能暂时放下功利的意图，专注于解决具体的UX实践问题，要想规避这两个问题，也并非难事。因为，这会迫使研究者不得不坚守如下两个思维准则。

首先，是"问题导向"的思维原则。即，始终围绕发现问题和解决问题这一根本目的，来灵活推进工作进展的思维方式。在该思维方式的指导下，任何的UX学术研究项目，势必要以解决某具体的实践性问题为基本目的。不仅如此，不论是面对怎样的实践问题，只要给予了努力的理性思考，即便是暂时无法完满地解决问题，但哪怕只是对问题做出了更加清晰的认识与界定，对于提高实践效率而言，都已具有了客观的意义，因为这将为缩小试错范围提供助益。综上所述，若仍固执地以某种研究范式为基点，来审视是否应该将某个问题纳入研究视野中，必然会显得荒谬可笑。我们没有任何理由去拒斥任何一种对于解决问题有可能奏效的研究思路，不论它是来自主流的研究范式，还是来自跨学科抑或是某种少有人知的可迁移性知识。

其次，是"接受不确定性"原则。我们必须承认，"定量实证"＋"单点突破"，有利于对能够被该研究方法所接受的问题给出非常明确的答案。而一旦离开这一研究范式，比如在依靠质性方法、思辨分析以及基于想象力的研究所推导出的研究结果中，则时常会有"不确定性"与"模糊性"的存在。但只要这是"问题导向"所引出的客观结果，我们就必须接受它们的存在，并仍要看到其研究的价值：毕竟已经更加明确了探索确切答案的方向，进而提高了试错的效率。

总而言之，服务于实际的UX实践需要，建立真正适用于解决UX实践问题的理论资源，才是UX学术研究的"正位"。为此，在必要时，我们当然会欢迎而且需要"定量实证方法"的介入，以及高质量的"单点突破"。只是不能混淆目的与手段的关系，从而误把坚守某种研究范式当成目的本身。

第四章
UX 的当下

本篇的第一章至第三章，分别从"UX概念的泓化""UX实践重心的转移""UX学术研究的推进"三个维度，向大家呈现了"UX这件事儿"的由来。相信对于"UX是什么"，大家已经基本心中有数了。但正如此前所介绍过的，UX行业自诞生以来，特别是在2010年之后（体验设计热潮正式兴起之后），UX岗位的实践对象以及工作要求都发生着快速的变化。为此，本章将根据UX行业在2020年至2021年的发展状况，并结合对前三章中相关内容的总结，从以下五个方面介绍UX行业当前的总体状况：第一，UX岗位的类型；第二，UX行业面对的主要问题；第三，UX能否成为一个独立的学科；第四，UX的人才需求；第五，基于UX"上下文"的新认识。

第 1 节　UX 岗位的类型

根据对2020年至2021年主流UX岗位招聘信息的调研与分析，我们可以从以下三个维度来言说不同UX岗位类型的差异。

首先，从功能性的职责差异角度，UX岗位主要分为以下几种类型。

第一，**体验设计师**（UX Designer）。根据业务需求，负责产品整体的体验设计与体验质量的规格把控，并对最终的产品体验效果负责。在有些公司，体验设计师还细分为以下几种类型：**交互设计师**（Interaction Designer）、**视觉设计师**（Visual Designer）、**界面设计师**（UI Designer）、**动效设计师**（Motion Designer）。当然，很多时候，上述四种体验设计岗位的职责边界是很模糊的。有时候，可能会由一个人来同时负责上述的两个或三个职责。比如，由界面设计师同时负责界面的交互与视觉体验设计。此外，值得注意的是，大约从2019年底开始，以阿里为代表的一些公司开始取消界面设计、交互设计这些细分类型的岗位称呼，转而将其统称为体验设计。也就是说，即便实际的工作内容就是界面设计，但在招聘信息上却只能看到UX Designer的字样。从具体的职位描述可以看出，他们这样做的一个主要用意是，让体验思维赋能传统的界面视觉与交互设计，从而让设计师对最终的体验质量以及用户增长等企业的战略性诉求负责。但是，并不是所有企业都在这样做，大约从2020年初开始，此前那些将各种传统设计岗位统称为"UX设计师"的企业开始意识到这样做并不妥当，因为这毕竟让各种丰富的设计内涵受到了遮蔽。在这一背景下，有相当部分的从业者认为，在未来，将有更多细分化的UX岗位出现，如"人工智能体验设计师""AR体验设计师""语言设计师"等。

第二，**用户体验研究员**（UX Researcher）。以网络视频产品为例，他们对于用户体验研究员的职位描述通常是：（1）深度洞察短视频／直播类行业和产品，并进行深入细致的用户研究，为公司业务／创新业务战略、迭代提供用户侧分析支持；（2）以定量和定性方法解决产品、运营、增长等相关的用户分析问题，能够独立完成项目方案设计、研究执行与分析呈现；（3）在深入理解用户行为、产品特点的基础上，自主发掘用户研究课题并提出建议，以用户洞察驱动产品、经营决策。

第三，**体验原型师**（UX Prototyper）。负责制作和产出产品原型。在互联网企业，所谓的体验原型师通常就是前端工程师。

第四，**内容策略师**（Content Strategist）。该岗位也时常被称为UX作家（UX Writer）。那么，什么是UX Writer呢？顾名思义，主要负责输出数字产品（网站、移动应用程序等）界面的文本内容。这显然是体验设计（User Experience Design）的重要组成部分。在一开始，写作能力被认为是设计师"有则更好"（Nice to have）的技能。而慢慢地，UX作家成了具有独立名称和工作内容的职位，也就是我们今天所看到的UX Writer。

第五，**产品设计师**（Product Designer）。该岗位通常出现于非互联网性质的企业，如汽车厂商、智能家居厂商等。其岗位职责一般是需要通过实践，对产品整体的高质量体验交付负责。

第六，**用户体验项目经理**（UX Project Manager）。在一些外企也时常将之称为Producer。通常情况下，该岗位的职责是管理和带领整个体验研究与设计团队，为机构内部的各相关项目提供体验研究与设计的支持。为每一个项目分配人员投入，整体把控每个项目的项目进程及工作质量。

其次，从行政角色的差异角度，UX岗位主要分为以下三种类型：部门员工（Individual Contributor）、项目经理（Project Manager）、部门总监（Studio Leader）。

再次，从职位级别的差异角度，UX岗位通常分为以下四种类型：初级体验研究员（Junior）、高级体验研究员（Senior）、体验设计负责人（Principal Staff）、合伙人（Partner）。

最后，还有一个值得关注的有趣现象是，到本书截稿为止，体验设计师的岗位称呼主要还是集中于互联网企业。而在其他的大部分行业中，使用类似称谓的企业还不多。以汽车行业为例，同样是做产品设计，但他们通常还是以传统的方式，按照设计分工来称呼相应的设计岗位，如汽车造型设计师、内饰设计师、色彩与材质设计师、油泥师、数模师等。而很少有车企用类似于"汽车产品体验设计师"的称谓来称呼这些岗位。

第 2 节　UX 行业面对的主要问题

截止到2021年，UX行业所面对的主要问题，至少包括如下五项。

一、大家对于 UX 的认知度仍然有限

站在设计行业或者是UX领域之内，我们确实能感受到UX的快速发展。但从宏观的视角看，目前，商业领域对于UX的认识仍是很有限的。这种有限主要表现为两个方面：第一方面，在所有的企业中，真正能深入理解UX的实践内容及其战略意义的企业仍是少数。根据不完全调研的统计，不论是我国国内还是国外，情况大体相同，只是在程度上稍有差异。第二方面，消费市场对体验的认知与需求也是有限的。以我国为例，对此最直接的表现就是，UX岗位的招聘主要集中于一二线城市，而在三四线城市则很少。通过调研发现，其主要原因在于三四线城市的消费市场还没有对体验消费形成足够的需求。当然，这与三四线城市还比较缺乏引领体验消费的商家也有一定的关系。

二、UX 从业者的生存压力

这可能也是所有设计从业者在不同程度上面临的问题。具体来看，不论是在小公司还是大型公司，设计师都或多或少地处于"结构性孤立"之中，期望中的跨专业与跨部门协作一直以来都不那么乐观。这确实与设计师相较于其他岗位人员所表现出的独特思维方式有一定关系，但同时也与组织结构的壁垒以及公司内部的行政因素有着密切的关系。其中，导致组织结构中存在壁垒的一个主要原因在于，企业对于跨部门合作的行为缺乏清晰有力的机制与规则的设计和制定，这使得真正的合作总是乏善可陈。UX从业者同样面临上述问题。

而让UX从业者时刻感受到生存压力的一个最具体原因，莫过于缺乏针对UX岗位的清晰、合理的绩效考核（KPI）方式。具体来看，与市场、营销、技术等部门的工作性质所不同的是，UX工作表现出两个差异性的特点：第一，UX工作中的很多内容是难以在短期内见到效果的。这一方面是由于这些工作本身属于前瞻性和探索性的研究，另一方面是因为体验研究与设计的有效性时常需要等到产品上市一段时间以后才能被证实。第二，在多部门合作的环境中，UX从业者很难像市场、营销等其他部门用大家都习惯的数据展示方式来明确呈现UX工作的价值。同时，也很难从整体的工作价值中明确指出UX的价值所占的确切比重。以至于在一些行业会议的圆桌论坛上，经常有困惑的从业者提问："该如何考核UX岗位的KPI？"有一些来自大厂的资深从业者对此的回答是中肯的："由于UX工作性质的不同，我们不应该用传统的数据方式来开展KPI的考核，而应该从专业性角度来评判UX的工作质量和工作者的专业水平。"然而问题是，真正能够这样去做的企业目前还不是很多。特别是在一些中小企业里，由于企业文化本身不具备对UX的认知要素，加之上层领导同样缺乏对UX的专业性和战略性的认知，导致身在其中的UX从业者经常被以不恰当的方式进行绩效考评。于是，一边是每天面对着本来就具有挑战性的工作任务，一边还要时刻想着怎么用并不适配的考核方式来说明自己的工作价值，这是让很多UX从业者感到烦心和无奈的一件事。

最后，还有一个为UX从业者带来生存压力的原因在于UX行业的快速发展与变化，其中既包括实践

内容的变化，也包括对实践水平、层次、质量要求的不断提高。这迫使UX从业者不得不成为一名终身学习者。

三、UX 反思的困难

首先，作者认为，可以将"UX反思的困难"看作是"UX从业者的生存压力"的一个结果性延续。下面我们来详谈"UX反思的困难"的具体内容。

正如序言中已经指出的，不论是"体验创新实践"遇到的难解之题，还是"UX基础理论建设"遇到的瓶颈，都迫切地需要UX行业中能够有人从"努力地低头走"中抽身出来，转而"抬头看路"，对过往的经验和所遇到的问题进行深入反思。其中既包括对"UX到底是什么""体验创新的可能究竟何在"等底层问题反思，也包括对各实践难题的实质内涵的反思。

但遗憾的是，现有的综合环境似乎没有为上述反思提供足够的空间与机会。具体来说，每一天，用户体验设计师都被要求做更多的事情，不断挑战自己，学习更多的技能与工具。与此同时，却很少有机会思考如何才能以新的方式把现有的方法与工具利用得更好，就更不用说对那些深层次和哲学性问题的反思。我们很难确定导致这一现状的具体原因是什么，但通过不完全的调研发现，这与当今社会中的"工具理性"文化习惯以及商业环境中的"效率优先"思考模式有着密切的关联。不仅是在UX领域，在这种文化氛围的影响下，我们发现几乎在各行各业，都是务实者多，务虚者少，而真正知道到底什么才是务虚和该怎么务虚的人，就更少了。然而，久而久之，由于缺乏有效的务虚，所谓务实，只是看上去很忙碌，而实际的效率却在降低。对此，作者时常会想起2017年底到荷兰代尔夫特理工大学交流访问时，其工业设计学院院长语重心长地说："我们不应该总是夸耀自己有多么忙碌和努力，而是要多想想能对自己过往的工作做出哪些反思。"

四、体验创新的窘境

下面，我们将借助一个层层递进的逻辑链条，来尽量还原"体验创新之窘境"的现实状况。这个逻辑链条是由三个层面的问题组成的。

先来看第一层："体验创新，明明是一片光鲜呀。"特别是对于最近两年才入行的从业者，能迎面感受到的通常是UX行业的快速发展，以及在"可用性测试""人因工程研究"等UX实践活动中诞生的各类创新产品体验。如此看来，"体验创新"活动正是如火如荼、一片光鲜的景象，哪里来的"窘境"呢？

再来看第二层："其实，创新分为两种。"为解释清楚第二层问题，我们先来回顾在第一章和第二章都介绍过的一个事情。

"UX诞生于交互设计领域。于是在一开始的时候，大家通常认为UX工作的主要任务就在于提升产品的易用性价值。相应地，UX工作的主要内容都是由'可用性测试'以及'人因工程研究'这种指向易用体验问题的研究与设计活动所构成。"

要知道，直到今天，这一情况也还是普遍存在的。因为事实上，上面所讲的现有的"体验创新"的主要内容，便是这种相关与易用性问题的"体验创新"。要特别注意的一个问题是，在西方，这类"体验创新"被称为Innovation。其基本特征在于，关注在现有产品价值的基本框架之内进行体验质量的升级与完善。这与颠覆性的产品创新是两回事。那什么是颠覆性的产品创新呢？我们举例子说明，像互联网、iPhone、Uber这样的创新就属于颠覆性的创新。这种创新在英语世界中被称作Creative，通常能带来对需求意识、市场格局，甚至是社会样貌以及生活方式的改变。

进一步来看，对于我们讲到的"体验创新的窘境"，其中的主要问题就在于，自"体验创新"这件事出现起，就很少有人能真正为社会带来这种Creative式的创新产品体验。那么，为何要把这一难题称为"窘境"呢？请继续看下一层的问题。

第三层："难以获得有效解决的焦灼境遇，是为窘境。"根据不完全的观察调研，对于"难以做出Creative式的创新"这件事，目前从业者们所表现出的态度大致有如下三种：第一，看不到；第二，假装看不到；第三，看到了，但选择忽视（至于导致这三种态度的原因，将在本系列丛书的第二册中进行讨论）。那么，有没有人会对此难题进行深入反思和钻研呢？有！只是很少。且目前还未有人能对此给出足够有效和系统的解决方案。于是，直至今日，如何才能有效地实现Creative式的体验创新，在事实上，已经成了一个"黑箱"问题。

五、能否为人类的幸福负责

自UX行业诞生之日起，便是以许诺更美好之人类生活的姿态来与大家见面的。然而，大约在2017年，就有人觉醒，UX好像并没有让我们的生活变得更加美好。此后，类似这样的质疑开始变得更多。不错，UX确实在很大范围内帮助现有的产品与服务提升了体验的质量。但从另外一个角度说，UX所做的这些事情，在很多时候可以被看作是对现有问题的一种推波助澜。以交互产品为例，UX确实在可利用、易用、审美等方面帮助各类交互产品提升了体验价值。但问题是，拥有了更高体验价值的交互产品让这个世界更幸福了吗？只能说，未必。具体来说，交互设备在提升了工作、生活效率的同时，还让人类付出着如下代价：第一，让人们变得更加忙碌；第二，限制了感受与认知的边界，进而又限制了想象力和创造力的发展，这个问题对于青少年表现得尤为明显；第三，让世界沿着数字化的方向进行单向度的发展；第四，在交互与数字化科技的强势发展面前，似乎没有力量能够通过改变现有的发展路径来帮助解决上述问题。正是由于切身感受到以上问题对人类生活带来的损害，以美国为例，早在2018年就有报道指出："人们开始越来越不喜欢硅谷。且有条件的家庭，开始尽最大努力，让自己的孩子远离交互设备。"

于是，我们有必要反思，就目前来看，UX所做的多是对现有问题的小修小补，或者说是用糖衣炮弹来麻痹人们对这些问题的关注。比如，为办公环境设计一些运动设施，并告诉那些整天都必须面对电脑的工作者："用喝咖啡和刷手机的方式休息并不健康，应该活动起来。"然而，对于提供幸福的生活而言，这显然不解决本质问题，无非是为忙碌提供一些调味剂而已。在这一背景下，大约从2019年开始，"为人类幸福而设计"（Design for Wellbeing），逐渐成为UX行业所关注的一个重要话题。

第3节　UX能否成为一个独立的学科

由于UX的基础理论建设尚处起步阶段，在学术界，UX还不是一个独立学科。与之相应的是，在教育领域，UX也还没有被认为是一个独立的专业。大多数的情况是，在某个传统的专业名下开设了UX方向。比如，在应用心理学专业或工业设计专业下开设用户体验方向。而对于行业界来说，UX能否在学术意义上成为一个专业似乎并不重要。所以，虽然时常举办各类UX行业会议和设立相关的行业协会，却很少有对"UX能否成为一个独立学科"这一问题进行准学术意义的严肃探讨。然而，对于UX这一领域的知识发展来说，若UX能够被作为一个独立的学科来看待，那必然是有重要益处与意义的。

那么，未来UX到底有没有可能成为一个独立的学科呢？在作者看来，若站在一个绝对旁观的角度来思考这件事，那便会缺少一个用以言说此事的逻辑支点。因此，在这里，我们就站在专业的UX学习者的位置去探讨这个问题。从这一位置出发，我们将至少能发现UX应该成为一个独立学科的三个理由，以及不应该成为一个独立学科的两个理由。

一、UX应成为一个独立学科的理由

先来看UX应该成为一个独立学科的三个理由。

1.UX拥有专属的知识群落

通过对现有UX实践的分析与思考会发现，用以支撑体验研究与设计实践的两个最为重要的基础性知识要素是：第一，"什么是用户体验"，即对用户体验概念的界定与认知；第二，"用户中心"原则及其设计方法论，其中既包括设计调研的方法论，也包括创新设计实践的方法论。而围绕着这两个基础的知识要素，现在我们可以看到已经形成了一个被很多商业和设计等行业的从业者认为是专属于UX领域的并已具备一定系统性形式的知识群落（第三篇将对此进行详细介绍）。

2.UX拥有专属的专业技能

在上述知识群落的支持下，专业的UX学习者具备了区别于设计师、商业策略研究员、市场调研员和市场营销师等一切相关传统领域从业者的独有性专业能力。比如，基于心理学方法和用户中心原则的用户调研与设计实践能力，以及基于体验思维框架（而非传统的市场调研思维框架）的用户行为洞察与理解能力。再进一步来看，正是基于这种独有的专业能力，才使得UX的学习者能够胜任这一最具典型特征的UX岗位：用户体验研究员。

当然，正如在本章第1节中介绍的，曾几何时，视觉设计师和交互设计师等传统的设计从业者也开始为自己加上UX的标签。他们要么称自己为视觉体验设计师和交互体验设计师，要么直接称自己为体验设计师。但在这之中，真正能做到充分运用体验思维开展视觉、交互设计的名副其实者，一直以来都寥寥无几。总而言之，UX是一门相对独立的学问，需要拿出单独的时间来掌握。因此，实至名归的UX标签并不是那么容易就能佩戴上的。

3.UX 为设计行业带来不可逆的变革

同样是在上述知识群落的支持下，UX为传统的设计行业带来了实践范式的变革。而且从市场需求的长远发展趋势看，这一变革几乎是不可逆的。即人类对于体验消费的需求意识一旦被唤醒，就将难以再睡去。因此，未来的产品设计行业，必然围绕体验思维来开展具体的设计实践以及相关的研究工作。这使得将UX视为一个重要和相对独立的研究对象成为必要。

二、UX 不应成为一个独立学科的理由

再来看UX不应该成为一个独立学科的两个理由。

1. 来自传统设计从业者的误解

我们必须承认的一个客观现实是，任何一个教学机构也无法保证让100%的学习者在毕业时都能成为一名绝对出色的专业人才。对于UX这个新兴的知识领域而言，这一现象似乎表现得更加明显，有相当一部分学生在毕业时还存在着不同程度的知识短板，这又必然让他们在专业技能方面表现出某种不尽如人意的稚嫩。比如，对用户行为的理解存在偏颇或是深度不足等。于是，当传统的设计从业者看到这些不足时，他们时常会提出这样的质疑："UX学生所做的工作似乎只是我们设计工作的前期调研（设计调研），一方面是调研的深度不够（可能比传统设计专业的学生做得深入些，但是也没有表现出特别明显的优势，也可能还不如一些设计专业的学生做得好），另一方面是后期的设计方案还不如我们传统设计专业的学生做得好。那么设立UX方向或学科的意义何在呢？"站在旁观的位置上我们会发现，在这一质疑中，前面的内容是对他们所看到的UX学生实践水平的稚嫩所提出的批评，这些批评确实是客观和中肯的。但由此推之后的结论，却又显得有些片面。

2.UX 需要"插件性知识"的支持

应该说大部分具有一定工作经验的UX从业者都会意识到，几乎在所有的UX实践项目中，除了需要熟知UX概念和熟练运用"用户中心方法"，通常还需要商业、技术、设计、艺术等领域的知识与经验的支持。在此，我们称之为重要的"插件性知识"。还必须注意到的是，在某些实践项目中，无论是出于什么原因，某些"插件性知识"经常会被参与者视为项目成功的关键。于是，这就不免让人们对UX成为一个独立学科的合理性与必要性产生怀疑。

三、讨论：UX 能否成为一个独立的学科

那么，在未来，UX到底能否成为一个独立的学科呢？根据本节的上述内容，在作者看来，UX完全

有可能也应该被当作一门独立的学科看待。其核心原因就在于，在UX概念的背后，紧跟着一个无法被任何一个其他学科所替代和包含的专属性知识群落。而如今，这个知识群落又在为商业、设计、产品创新等实践领域提供着独特和不可或缺的价值。当然，UX学科的最终确立和被认可，至少要在其基础理论建设初步完成之后，才有可能成为现实。

第4节　UX 的人才需求

在本节，我们将从以下两个视角，探讨当下的UX行业对专业人才提出了怎样的需求：第一，不同UX岗位类型的人才需求，第二，通用性的UX用人需求，即值得所有UX从业者去努力做到的内容。

一、不同岗位类型的人才需求

在这里，我们将围绕基于功能差异的不同UX岗位类型来探讨其对相应专业人才的需求情况。通过对本章第1节内容的分析，基于功能差异的几个UX岗位类型可以被划分为以下两类：第一类，用户体验研究员岗位，他们的主要职责在于对用户的行为及需求偏好进行深入、细致的调研与洞察；第二类，非用户体验研究员岗位，即需承担设计实践的UX岗位，这类UX岗位的一个共同性特征是，需要从业者开展"传统设计内容+UX思维"的工作实践。下面，我们就分别来探讨这两类UX岗位的用人需求。

1. 用户体验研究员的用人需求

以国内月薪2.5万元至5万元的"资深／高级用户研究"岗位为例。首先，让我们来看看通常情况下企业对该岗位的职位描述、职位要求以及所能提供的职业发展环境。

职位描述：

（1）负责企业业务中重要与关键产品的用户研究工作；

（2）独立开展用户研究项目的全流程工作，把控需求的合理性，制定合适的研究方案，把控项目的节奏和研究质量，合理分析，结合业务现状输出可落地的研究报告；

（3）熟悉企业产品与服务的业务领域，关注行业动态及分析，能够主动规划有价值的研究项目，并推进落实；

（4）普及用户研究意识以及专业方法，推动用研的结果落地以及价值实现。

职位要求：

（1）人机交互、心理学、计算机、工业设计或相关专业本科以上学历；

（2）3年以上用户研究工作经历；

（3）有较好的项目推动能力，能独立思考，善于沟通；

（4）熟练掌握访谈、大纲撰写、问卷调研、可用性研究、统计分析等专业方法。

企业能提供的职业发展环境：

（1）将用户体验、前沿技术与商业价值有机融合，探索千亿级营收的新兴市场，让解决方案背后蕴藏着不可估量的商业价值；

（2）在广阔的发展空间下，用设计创造力打造出更多行业独角兽产品，每一个创意都有可能改善亿万用户的生活；

（3）扁平、务实、高效的组织体系，搭配系统化的人才培养机制，结合最具正能量的团队氛围，帮助每位成员快速成长，收获最专业的设计方法论和经验总结；

（4）与先后负责多款亿万级成熟用户产品的体验设计专家合作，进行更多新产品的孵化探索，与最优秀的人，一起做最有挑战的事。

此外，还值得注意的两点问题是：第一，对于体验研究员这个岗位而言，在各种所需技能当中，基于心理学、社会学和人类学方法的高水平用户调研能力，在很多时候会是企业最为看重的技能。原因很简单，这是UX相较于其他知识领域所能提供的最具有专属性的核心价值。第二，对于一些资深的UX从业者，时常可以基于体验思维的视角，为设计实践发掘和提供一些基于传统的设计视角难以发现的更为行之有效的创新型设计方法论。但这通常需要UX从业者同时能对设计实践有着较深入的经验、理解、感悟，甚至是独到的建树。然而，就目前来看，真正能做到兼通UX与设计两个领域的体验研究者并不多见。

2."设计+UX 思维"岗位的人才需求

"设计+UX思维"的UX岗位主要包括交互（体验）设计师、视觉（体验）设计师、界面（体验）设计师、动效（体验）设计师、内容策略师等。在本章第1节中已经介绍过，企业对这些岗位的基本期望是"让体验思维赋能传统的界面视觉与交互设计等设计工作，从而让设计师对最终的体验质量以及用户增长等企业的战略性诉求负责"。为此，必然需要从事这些岗位工作的人员具备如下特质：第一，专精相应的传统设计内容（如交互、视觉或文案设计）；第二，能够掌握用户体验研究的基本技能，具体来看，就是深入理解UX概念的内涵以及用户调研和产品测试的基本思路与方法；第三，深入理解企业的业务诉求；第四，能够与更为专业的用户体验研究人员开展合作（特别是在一些中大型企业里，对于重点、难点或是高层面的用户体验问题，通常会有专门的体验研究员来提供更为专业的支持）。

二、通用型的 UX 用人需求

随着商业环境对UX岗位认知的不断成熟，加上UX行业自身的不断发展与成熟，为了在激烈的行业竞争中占据优势位置，不论是专门从事体验研究的从业者，还是从事"设计+UX思维"岗位的从业者，都面临着需要不断提升自身"UX专业素养"的问题。而这里所讲的UX专业素养，大体上也就是企业对所有UX从业者所提出的通用型用人需求。当然，至少就目前来看，不同类型的UX岗位对这些通用型专业素养的需求程度是存在一定差异的。但就趋势来讲，这种差异在未来将变得越来越小。所以，大家何不未雨绸缪呢?

1. 能为企业的战略性诉求贡献力量

影响企业运行与发展的战略性因素到底有哪些? 在专业的商业管理领域,这仍是一个存在争议的话题。在此,我们并不企图对这一问题进行更为深入的探索。但综合大家的一般性意见,我们至少可以说如下七个要素通常对企业的运行具有战略性的意义:成本、利润、愿景、使命、品牌、产品创新、用户增长。那么对于UX从业者而言,其中的"用户体验研究员"本就是一个极具战略属性的工作岗位,于是自然地就需要对上述的战略因素负责。再说到"设计+UX思维"型的岗位,就目前情况来看,需要其承担的战略性职责主要集中于对产品的"品牌塑造"以及"用户增长"负责。但在要求的宽松程度上,不同的企业之间是有一定差异的。

2. 专才、通才与连接者

相信我们都有这样一个共识:不论是在哪个行业,若想做好自己的岗位,首先就应该努力成为一名精通自己所从事领域的专才。但对于UX这个独特的行业来说,除了同样需要成为一名专才,还越来越需要每一位从业者能成为一名眼界开阔的通才和连接者,即成为能够连接企业中多种人力资源的桥梁。

不论是根据对UX发展环境的评估,还是基于对其发展趋势的预判,我们几乎都可以看到,UX行业在未来的发展过程中,将会越来越多地需要跨领域的协作和基于多学科背景知识的实践。因为对于各类型岗位的UX从业者,若想让自己的工作能够真正地融入整个产品研发项目的链条之中,并影响和贡献于最终的产品价值交付,那就不可避免地需要与艺术家、技术研发人员、营销策略师等其他领域专家进行高效的协同工作。在这之中,既包括需要借助其他领域的知识、智慧为UX工作的顺利实施提供必要的帮助,也包括为了实现预期的体验效果从而统揽全局并将所需的人才联系在一起,共同为一个战略性的目标而携手前行。但想要做到这一点的前提就是,先要掌握相关领域的必要知识,让自己成为一个通才。在这里,还有一个应该已经是显而易见但最好还是要提一下的问题,做通才和连接者显然不等于要"包揽各种各样的工作"或是"依靠一己之力解决所有问题",而是要依靠对其他相关领域知识的理解,顺畅地调动这些知识、智慧来帮助实现出自UX视角的实践目的。

最后,对于相关领域的知识需要掌握到一个怎样的深入程度呢? 这没有定论。只要能满足上述实践目的即可。比如,作为体验研究员,也许并不需要掌握每个视觉设计原则的用法,甚至不需要知道这些原则的具体内容,但一定要知道设计师每修改一个细节都可能需要对其他细节进行相应的调整,非常耗时。于是,就必须尽可能描述清楚预计的体验效果,避免"边让设计师做,边提新的需求"。否则,与设计师之间的关系想不糟糕也难。

3. 能理解和借助技术的前沿发展

从逻辑关系上说,"能理解和借助技术的前沿发展"属于"成为通才"的一个分支。但由于其独特的重要性,作者认为还是有必要为其开辟出这个地方进行单独讨论。具体来说,根据目前的行业情况,值得所有UX从业者关注和理解的两个相对最为重要的技术要素，可能就是数据分析与人工智能。在此我们不去讨论这两个技术要素到底为何重要，因为对于不同类型的UX岗位以及不同的企业环境，在重要的程度和方式上都会有所不同。但对于理解和掌握这两个技术要素这件事而言，以下这个问题几乎为非计算机技术出身的所有UX从业者带来了不同程度的困扰：UX从业人员需不需要会编程。从几年前开始（也就是从大数据和人工智能技术开始普及时起），每隔一段时间，就会上演一次关于这个问题的论战，正方和反方都能列出一堆理由。但久而久之，大家至少都发现了如下这两个事实：第一，想要在掌握专业UX技能的同时还具备出色和准专业级的编程能力，对于大部分从业者来说，都是一件不现实的事情。因为无论是用研人员、设计师还是技术开发者都很难真正兼顾到全部的知识领域。第二，基于对数据分析以及人工智能技术之功能边界的理解，借助专业编程人员的支持，完成既定的UX实践目的，在通常情况下都是可行的。若以此来推而广之，UX从业者对于"理解和借助技术的前沿发展"这件事的可行也是相对合理的态度应该是，掌握相关技术的功能边界，并在此基础上设想其极端应用情况下有可能为用户、市场、人类带来的影响，进而提出相应的解决方案。在必要时，则与专业的技术人员展开积极合作。

4. 改变世界的人

我们只要稍微放宽眼界，就能看到目前存在着很多关系到人类未来命运的重要问题。比如，温室效应导致海平面上升。又比如，交互设备的普及正在损伤儿童的创造力并为他们的认知能力带来限制。再比如，已经有来自不同领域的学者开始严重质疑现代化的科技发展路径是否能为人类带来真正的幸福。如果说各领域的实践活动都理应为应对这些问题尽一份力，那么出于以下原因，对于UX从业者来说就更是如此。

第一，我们设计的产品和应用程序正在被数百万人（有时是十几亿人）所使用。这在客观上正在对塑造人们的生活、工作、认知、思维甚至是创造的方式产生着重要的影响。第二，洞察人心，几乎是UX这门学问的最核心内容。而洞察人心的下一步，便是用设计影响人心。第三，UX行业自诞生之日起，就已宣称要以为人们提供更加美好的生活为己任。

5. 问题导向与终身学习

UX是一个如此快速成长，同时又广泛应用于不同产品与服务品类（这个范围还在继续扩大）的实践活动，以至于我们很难为之确立某些十分固定的工作流程、通用的方法套路，以及实践质量的标准。而唯一能确定的，就是会不断遇到各式各样的新问题与挑战。于是，对于UX从业者，除了扎实掌握各种基础知识与技能，还必须时刻坚持问题导向的原则与心态，做一名终身学者，根据实际的需要不断掌握新的知识和具备新的能力。

第 5 节 基于 UX "上下文"的新认识

即便是入行已有一段时间的从业者，其中的很多人也会对以下问题表示困扰，那么对于刚入行UX职场的朋友，相信就更是如此。

问题1，UX工作怎么好像是一个由多种工作岗位组成的团体性工种呢？视觉设计是UX，动态设计是UX，交互设计是UX，用户体验研究是UX，内容写作还是UX。那么，还会有其他的什么工作内容也会被算作是UX的范畴吗？

问题2，为什么很多市场营销、心理学、社会学，甚至是哲学、人类学的毕业生，总是会抢UX专业毕业生的工作呢？和他们相比，UX专业的毕业生在应聘UX工作时，又有什么优势和劣势呢？

问题3，为什么很多"用研大佬"的作品集中经常会有大量偏设计的内容呢？他的背景到底是什么，是做设计的，还是搞用研的？搞用研的人需要懂设计吗？

相信读者们一定会有这个感觉，第一篇前面的内容，已经为上述问题提供了某些答案。那么，本节，将通过呈现UX与其上下游兄弟行业（商业策略、市场调研、设计等）的关系，让这些问题有一个更为深刻，即本质性的回答。

还要提示读者们的是，能够对上述问题形成深刻的见解，无论是对于指导某些复杂的UX实践，还是对于思考自己的职业发展规划，都是非常重要的。这也正是本节内容的核心写作目的之一。同时，本节内容的另外一个核心价值，就是采用一个更加宽广的视野，帮你看清UX在整个产品创新活动中所处的位置。

一、UX 的"上下文"

在这一部分，先让我们看看UX工作岗位的"上下文"环境是怎样的，并对其中存在的底层逻辑展开探讨。

1. 实践任务的"上下文"

既然UX是一个由多种（甚至都不知道到底有多少种）工作岗位组成的团体性工种，那么，"UX到底是干什么的"就成了一个很难一下子说清楚的问题。但是，不论UX具体是做什么的，归根结底，各种UX工作都在指向一个共同的根本性目的：帮助创造出被消费者喜爱的新产品。这总没错吧！好，那就让我们暂且放下对于UX的局部性关注，转而用更宽阔的视野，去思考一下"创造被消费者喜爱的新产品（以下简称新产品研发）"到底需要做些什么。如果搞清楚了这件事，现有各种UX工作内容在这之中扮演着怎样的角色自然也就清楚了。

只要我们对一些典型的新产品研发项目进行细致的观察，并借助归纳分析法，就不难发现，任何一个此类项目，几乎都包含以下六个实践任务。

第一，明确商业目标，制订商业计划。

第二，宏观市场调研，确定市场规模，锁定目标用户群。

第三，微观市场调研，深入了解目标用户的特征与需求内容，发现研发机会点。

第四，根据机会点，开展产品设计（包括工程上的技术开发和产品的形式设计）以及原型测试。

第五，产品上市后，进行市场追踪，并据此进行产品迭代。

第六，对以上五个要素进行整合思考，统筹全局。

2. 能力需求与岗位划分的"上下文"

为了应对以上实践任务，自然需要产品开发者（可能是一个团队，也可能是一个人）具备如下的相关能力。我们所看到的不同工作岗位，也正是与这些能力相对应的。也就是说，是不同类型的能力要求，塑造出了（或者说是大致划分出了）各类相关的工作岗位。

第一，深刻理解商业运行的机制与逻辑，对经典商业案例如数家珍，且具备策划和执行商业活动的能力。这所对应的工作岗位，通常被称作"商业策略"。

第二，主要依靠定量与大数据分析方法，同时也结合必要的质性研究方法，掌握宏观市场的规模、状态、变化趋势与需求内容，以及发现和锁定某一特定用户群体。这所对应的工作岗位，通常被称作"市场调研"。

第三，理解普适性的人性动机与行为规律，并能借助该知识框架，结合质性、定量和数据分析等研究方法，洞察目标用户群的具体行为特征、偏好特征，以及显性和隐性的产品需求内容（即，发现颠覆性创新的机会，优化性创新的机会，现存的体验痛点、爽点、痒点）。这所对应的工作岗位，通常被称作"UX（用户研究）"。

第四，根据用研工作的发现，在功能技术和产品形式两方面，进行产品设计、制作原型、开展原型测试，并交付最终的产品体验，以及主导市场追踪和据此迭代产品设计与体验质量。这所对应的工作岗位，就是我们所看到的除了"用研岗位"之外的"UX工作的团体"（包括VR体验设计师、智能体验设计师、视觉体验设计师、交互体验设计师、内容策略师、原型制作师、产品设计师等），以及没有挂UX头衔的技术开发岗位（如数据库工程师、机械工程师、测试工程师等）。总而言之，这些岗位，都是因开发最终产品（即，提供产品解决方案）的需要而存在的。为了完成这个任务，需要哪些实践要素，就会出现哪些相应的工作岗位。

第五，对自己所从事的某一垂直品类的产品，在用户、技术、体验、市场等各方面，有着丰富的认知、感受和理解。俗话说"做什么，吃喝什么"，开发什么产品，就先要对这个品类的产品有足够的认知。事实上，并不存在说该能力具体对应哪个工作岗位。而是说，从事各类相关岗位的人，如果缺少了该能力，那就很可能对实践造成某些不利的影响，甚至是难以找到开展实践的思路。比如，陈天桥（盛大的老总）就因为不太懂相关的产品体验问题，而导致了"盛大盒子"项目的失败。

第六，基于问题导向思维、"第一性原理"思维、跨学科思维、设计思维、研究思维、哲学思辨思维等素养，对以上五点内容进行整合思考的统揽性思维能力。这所对应的工作岗位，通常被称作"产品经理"，或是"项目经理"，又或是CEO，再或是CXO，再或是"企业老板"。

3. 讨论

根据上述内容，创新产品研发的所有工作步骤之间，都存在着紧密的联系。一方面，前一步的工作成果是后一步工作的基础与依据；另一方面，后一步工作所能及的极限实践范围，在无形中成为规定前一步工作内容的因素之一。具体来说就是，前一步工作，只能根据后一步工作的全部可能的工作范围，来为其提供恰当的前期依据，并要求其产出相应的工作成果（对此，我们将在本节下一部分内容中给出具体案例）。

所以，一来，在很多时候，负责某个局部性工作的人员，经常会把前后相关的工作内容也认为是自己的工作范畴。比如，很多设计师都会"抢"UX用研的活儿，并将之称为设计调研。UX用研的工作人员，也经常会"抢"设计师的活儿，比如会连带给出解决方案的草图。其实，从整个工作流程来看，我们会发现这些情况是很好理解的。因为这些"抢活儿干"，无非是顺应了前、后工作之间客观存在的紧密连接关系。从这个角度上说，这显然是一种存在积极意义的现象。但从另外一个角度看，企业也势必需要对工序间具体的衔接方式（各部门负责的具体工作范围）给出有效的规定。否则，很可能引起部门间的某些冲突。

二来，不论从事和负责哪个具体的工作步骤，都理应对其前和后的工作内容、实践方式与实践能力的边界有一个大致的理解。从而才能保证本职工作的有的放矢，且保证与前、后工作步骤的顺畅接应。对于各类UX工作，也是如此。比如，马化腾就曾指出："不懂商业战略，整天只关注改进易用性问题，那只是体验设计的初级阶段。"

二、基于"上下文"的推论认知

基于以上对UX"上下文"的呈现，现在，可以对本节一开始提出的那些问题给予更为确切的回答了。

1. 不足为奇：UX就是"团体性"工作

结合本节一部分和本篇之前的内容，我们可以清楚地看到，在整个创新产品研发过程中，作为一个整体的UX，主要负责两大工作。

第一，微观性市场调研，负责掌握目标用户的具体特征、需求、偏好。

第二，用体验思维，赋能传统的设计工作，交付出符合商业战略的产品体验。

任何围绕以上两个基本任务展开的工作，以及因此而产生的工作岗位概念，自然会被冠以UX的标签。只不过有些岗位是主要从属于"用户研究"的，而更多的则是从属于"体验设计"的（如视觉设计、交互设计、内容策略等）。

2. 做"用研"需要懂"设计"吗

回顾上一部分的内容："后一步的工作，时常是对前一步工作的内容与方式进行规定的客观因素之一。"那么，"用研"与"设计"，就是前后相继的两个工作步骤。即，"设计"的工作特性，就在客观地为"用研"工作的内容与方式，提出某些必然的规定。

比如，在一项面向汽车产品的体验与需求调研中，通过观察与访谈，发现用户很希望"汽车的造型设计能够提供某种灵魂感"。于是就兴致勃勃地写了报告"用户需要有灵魂感的造型设计"，并交给设计部门。从表面上看，该调研工作似乎没什么问题。可是，一旦与设计师进行当面的交流，就会发现，通常情况下（除了极少数的天才型设计师），汽车设计师们并不真的知道如何才能有效地设计出具有灵魂感的造型，就更不要说能够去符合特定用户群对"灵魂感体验"的具体需要。设计师们甚至很难准确地理解"什么是灵魂感体验"，从而就更难以对这个问题给出一致的意见。因此，在事实上，调研工作的结果就是，向设计部门提供了一个"正确的无用信息"。

如果完全不了解设计工作，就可能永远不会想到会存在上述的问题。但如果开始去了解设计工作的内容、特性、行动边界，就会发现：第一，"打造灵魂感的造型设计"，在世界范围内，都是一个难题。对于设计师，更是需要用一生时间去不断钻研的问题。第二，设计师不真的知道什么是灵魂感，是很正常的。因为对于"灵魂感体验"的界定，本来就是存在争议的。而调研工作又没有对"灵魂感"做出明确解释，甚至没有给出一个大致的方向，以供设计师在一个有效的范围内去进行试错。第三，尽管如此困难，对于"灵魂感体验"的打造，也并非不能再往前推进一步，但这需要"用研"与"设计"的通力配合。

尽管"什么是灵魂感"和"如何设计出灵魂感"是两个具有争议性的问题，但在设计界，仍对此有着如下的大致共识。

第一，有些时候，"灵魂感"可能来自"经典感"。而"经典感"的存在，可能需要有两个条件：一是某设计元素在当时被广泛地接纳和传播；二是接下来，随着时代的发展，其后续产品能够不断地把优势元素积累下来并不断优化。此外，如果造型形式特别符合对功能特征的真切表达，也可能会营造出有效的"经典感"，如Jeep牧马人。最后，经典的设计，必须是原创的设计，不能是抄袭来的。

第二，如果汽车的造型意象有些像某个人或者某个动物的形象，那也很有可能为用户带来某种"灵魂感"的感受。

如果了解这些设计领域的知识，至少不会停留于将"用户说需要灵魂感的造型设计"作为调研工作的结论。而是会尽可能地再深入进去，探索用户眼中的"灵魂感"究竟是什么。至少可以将上述的设计知识作为研究的框架，尝试性地去发现："是不是因为像什么动物，才让用户认为有灵魂感？如果是，那是像什么动物呢？什么造型设计导致了像这个动物呢？""是不是因为造型形式有效表达了某些功能要素，才让用户认为有灵魂感？如果是，那又是什么元素表达了怎样的功能要素呢？""是否因为传承了某些经典性设计元素，才让用户认为有灵魂感？如果是，是什么设计元素呢？用户又是如何看待这个设计要素在历史中的传承呢？"当然，要做到这些，除了对设计知识的了解，还可能牵涉到对更深入的研究方法论的掌握，比如基于现象学原理的本质直观（在本书的第二和第三册中，将对此进行引介）。

总而言之，在很多时候，怎样进行用户调研才是有效的，在很大程度上，要取决于设计工作的实践能力的边界。

于是，另外一个相关的问题也就有了答案，"用研大佬"的作品集中包含有很多偏设计的内容，并不是在说明其主业是在往设计一侧偏移，而通常是在表明他能借助对设计知识的理解，更高效地开展用研工作，同时，还能借助体验思维，给出区别于传统设计工作的具有独特价值的设计方案。

3. 是谁在"抢"UX 学习者的工作

在本篇此前的内容中我们曾提过，目前，很多开设 UX 方向的研究生项目，都在采用包容的跨学科招生策略。根据粗略的统计，70% 以上的入学者，此前的专业背景既非设计，也非心理学或社会学。然而，当他们毕业时，如果选择偏用研的工作，那么势必会对其心理学和社会学研究方法的掌握程度提出不低的要求；如果选择偏设计的工作，那势必要求其具备在某一设计领域（如视觉设计、交互设计等）的准专业级设计实践能力。于是，这些毕业生经常会受到两类竞聘者的"夹击"。

第一，本科就是科班学习心理学或者是社会学，熟练掌握相关科学研究方法与技术的竞聘者。尽管他们可能在研究生阶段学习的是市场营销、广告策划、电子商务，甚至根本就没有参加过相关的研究生教育，但仅凭借扎实的定量与质性研究能力，就很可能对在这方面还相对稚嫩的 UX 学习者构成显著的竞聘压力。

第二，本科就是设计背景的竞聘者。在体验经济环境中，尽管企业都希望能让体验思维来赋能传统的设计实践，但要想入职偏设计的 UX 岗位（如视觉体验设计、交互体验设计等），在一般情况下，准入的基本门槛，仍是需要能交付产品级的设计结果。这对于没有设计专业本科背景的 UX 学习者来说，是一个客观的挑战。从而，自然会在遇到设计背景出身的竞聘者时感觉到明显的压力。

根据以上情况，需要为既非设计也非心理学背景的 UX 学习者提出如下建议：要么，不要让基于心理学或社会学的科学研究能力成为自己的短板，同时，在 2 至 3 年的学习过程中，尽可能积累成熟的设计思维素养，以及对设计工作的认知和必要的实践能力。要么，就不要让设计实践能力成为自己的短板，同时，在娴熟掌握设计思维方法论的基础上，尽可能扎实地掌握更多的心理学与社会学研究方法与技术。如果能做到以上两点，相信在应聘时，通常能表现出较好的竞聘优势。

第二篇 什么是 UX 与怎么学 UX

通过阅读第一篇内容，大家已经知道，对于"什么是UX"这一问题的回答，应该由两部分内容构成：第一，UX概念的外延；第二，UX概念的内涵。其中，至少在10年前，UX概念的外延已经得到了较为有效的界定。至于UX概念的内涵，即"用户体验现象到底是由哪些因素组成的"，直到目前，也还是一个悬而未决的问题。为此，本篇的第五章内容，将针对这一问题给出更为行之有效的回答。即，在阅读完这一章内容后，对于"什么是UX"，读者们将收获一个更为完整的答案。

本篇的第六章内容，将负责对"如何学习UX"这一问题给出尽可能周详的解答。其中，第1节内容，将对UX的知识框架予以呈现；第2节内容，将对学习UX的过程中需要注意的问题进行介绍与讨论。

第五章
用户体验的分类

在第一篇第三章第2节的内容中已经指出，在用户体验现象中区分出高质量的"用户体验分类"的重要意义在于：以此阐明UX概念的内涵，进而帮助从业者全面、切实地掌握体验研究与设计的具体实践对象。然而，自UX行业兴起以来，不论是行业还是学界，都没有对"用户体验分类"问题给出足够的关注与研究力量的投入。为了推进该问题的解决，从2018年开始，作者展开了相关的调查与研究，并于2019年，借助新的研究方法，提出了一个由20种用户体验类型构成的新的"用户体验分类框架"。从最终效果上看，与之前的"体验分类框架"相比，该分类框架的价值在于：第一，展现了体验现象中所包含的更为丰富的体验类型；第二，其中的每一个体验类型，都能指称一个独特和明确的体验范畴。

2020年7月，作者以论文形式（Research on User Experience Classification Based on Phenomenological Method）将该研究内容发表于HCI2020会议。其中，对于其他已有的相关研究成果及其尚存问题的分析，已经在第一篇第三章第2节中进行了讲述。作为对该内容的延续，本章负责完成对这一新的"用户体验分类框架"的介绍。其中，第1节内容是对基于新研究方法的研究设计的介绍，第2节是对20种用户体验类型之具体内容的阐释，第3节则是对该研究中仍存在的问题所进行的反思与讨论。

第1节　关于"用户体验分类"的研究设计

根据之前对"用户体验分类"研究成果与尚存问题的分析与反思，作者秉承实证研究的基本原则，采用基于现象学方法的质性研究思路，进行了如下的研究设计。并期望通过这项研究工作发现足够丰富的用户体验类型，让其中的每一个体验类型，都能基于一个明确和独特的体验机制来指称一个明确、具体的体验范畴。

一、研究对象

在该研究中，作者将自己以及10名心理学专业的研究生作为研究被试者。具体设计如下。

1."第一人称"参与者

出于以下考虑，作者将自己列为第一研究对象：第一，根据质性研究的一般经验，理应将研究者本人作为第一研究对象；第二，作者本人是当代消费实践的深入参与者与体验者，因而，属于本研究项目所关注的研究对象范围中的一员；第三，面对这样一个需要对现实生活进行高度抽象的理论提取的研究课题，作者是最了解其研究目标、理论运用和研究设计的人。因此，可以也应该由作者本人以第一人称视角，产出尽可能符合预计研究产出标准的初期研究成果，并以此作为样例，帮助后续的参与者理解相关概念和研究意图。

2."第二人称"参与者

出于以下考虑，作者选取了10名心理学专业研究生，作为该研究的被试者：第一，所有体验类型，均存在于人们日常生活中的各种产品消费行为以及服务消费行为之中，所以，在研究对象的选择上，就需要将那些尽可能全面和深度参与日常消费活动的消费者作为研究对象，才能尽量完整地勾勒出"用户体验分类体系"的全貌。因为家庭经济背景和其自身知识文化背景的支持，这10名研究生在物质和精神方面的消费需求获得了较为充分的发展，并正在深度参与和积极体验着各种大众消费实践。第二，在本次研究过程中，需要被访者能够充分理解"体验类型"等学术概念，还需要被访者能够对自己的消费体验经历进行有效的回顾和分析。因此，这就需要被研究者具有良好的逻辑理解能力和理性分析能力。这正是这10名研究生所具备的。第三，这10名研究生的本科专业背景各异，包括文学、心理学、医学、语言学、金融学、计算机学、设计学。这使得他们时常出于个性化的兴趣取向和需要接触各异的消费领域，这能保证本次研究尽量覆盖更为全面的消费行为。

二、研究过程

该研究分为以下三个步骤。

第一步：由作者本人提出所能发现的体验类型。在该过程中，作者主要通过以下两种途径，尝试发现了尽可能多的体验类型：第一，研究者自省。具体来说，就是作者在回顾自己以往消费体验的过程中，借助描述与解释现象学分析方法，区分出所能分辨的体验类型。第二，文案数据研究。即在阅读各类广告文案和产品评论的过程中，同样借助上述现象学分析方法，区分出文案中所暗示的各种体验类型。

第二步：通过与10名被试者进行一对一访谈，发现新的体验类型。在每次访谈过程中，首先，向被访者说明研究意图（其中包括向被试者展示三个作者已区分出的典型的体验类型）。然后，会使用半结构访谈方法，让被访者回顾以往的消费经历，并诱导其借助现象学分析的方式，从中区分出新的体验类型，且针对每一个新的体验类型指出一至两个真实的体验案例。

第三步：研究结果整理。在该过程中，作者会将自己提出的所有体验类型与在访谈中收集到的其他体验类型汇总在一起，形成一张表格，以此作为本次研究的结果。表格分为五列，从左至右的类目依次是：序号、体验类型、体验机制、典型案例、提及次数。

第 2 节　20 种体验分类

在完成了第1节所讲述的研究工作之后，通过对该研究过程中所获数据的分析、整理，获得了如表5-1所示的20种用户体验类型。其中，每一种体验类型，都能基于一种独特和明确的体验机制，来指称一个独立和确切的体验范畴。

表 5-1

序号	体验类型	体验机制	典型案例	提及次数
1	可利用体验	通过使用某产品或服务，达成了某种实用性目的	使用一把射钉枪，能够在墙上打出一个符合用户预期的洞	11
2	易用体验	在使用某种产品或服务达成预期实用性目的的过程中，由于产品和服务的贴心设计，用户在操作行为中感受到轻松、便利、畅快的感觉	射钉枪重量轻巧，手柄造型设计便于持握，且射钉时后坐力小，很好控制	11
3	审美体验	通过对形式的感知而获得愉悦的和非功利的感受	看到好看的造型设计，听到美妙的音乐，感受到舒适的触摸感，闻到好闻的气味	11
4	符号体验	通过使用某产品或服务，即"能指"，让周围人理解到使用该产品和服务所象征的意义，即"所指"	通过使用奢侈品，展现自己的经济身份和优越的生活状态	11
5	新奇体验	人总是对新鲜感保持着需要。这种需要可能与任何一种其他类型的需求相关联。即，对新产品的"新"这一属性的感受，也就是新奇体验	宝马5系推出当年的新款。其中只有大灯、尾灯和轮毂的造型稍有变化。但用户可以从这不大的变化中感受到"新"的满足感	9
6	时尚体验	由于某产品或服务指代当下社会的某种流行文化、风气或新近才被认可的价值，从而让用户在使用该产品或服务的过程中，感受到"时尚"体验，或以符号的方式获得"时尚"身份的自我确认，以及向他人展示自己的"时尚"身份	通过穿着今年流行的蓝色服饰，感受到自己融入了当下流行的时尚之中	9
7	品位体验	通过使用某产品和服务，在档次、趣味、情操等与品位相关联的方面获得良好的体验。或在这方面以符号的方式获得某种品位的自我认同，并向周围人展示自己所具有的这种品位	通过购买捷豹汽车，彰显自己在汽车运动性方面的个性化品位。或通过长期购买和穿着同一品牌的服装，展现自己在着装方面的品位	7
8	文化体验	由于产品或服务中包含着属于某特定文化的要素，从而在使用该产品和服务的过程中，获得对既定文化的体验。或以符号的方式获得某种文化归属的自我认同，并向周围人展示自己在文化属性方面的特征	通过穿着属于某种特定文化的服装，如巴厘岛的纱笼，获得对该文化之特征与内容的体验	8

（续表）

序号	体验类型	体验机制	典型案例	提及次数
9	友好体验	在使用某产品和服务过程中的很多具体环节，都能感受到产品设计的周到、友善、贴心和无微不至。特别是遇到问题时，不会让用户感觉到任何无助和不知所措	使用购物 App 在线支付后，App 弹出如下信息：第一，预计到货时间；第二，"如有任何问题可一键致电"；第三，对用户的本次购物表示由衷感谢	3
10	反思体验	通过了解、使用某产品或服务，引发对自己之既有价值观的思考，甚至在此基础上发现新的人生意义、思考方式，并确立新的人生信条与行事准则	通过购买和使用无印良品的产品，认识到"为生活做'减法'"的重要性	2
11	激励体验	基于某种商业活动的设计，让用户通过购买和使用某产品或服务，感受到类似于游戏中获得的那种激励	由于本年度累积了一定的飞行次数，获得了星空联盟的白金会员身份，并开始享受相应的升级服务	3
12	认知体验	只通过表面的感官感受（如观看产品广告、抚摸产品的表面或闻到产品的气味），就产生了对某产品或服务之实际功能性价值的判断，甚至随即以想象的方式去感受使用该产品或服务时会获得的体验	看到全新宝马 8 系轿车海报的汽车造型图片，就开始对该车的加速性能形成判断，并（可能是下意识地）幻想驾驶该车时酣畅淋漓的加速推背感	1
13	生活状态体验	通过使用某种产品或服务，感受到从之前的生活状态切换到了另一种生活状态	由于买了一辆奔驰轿车，对自己学习、工作的要求都有所改变（要用"奔驰的标准"来要求自己的生活与工作），并猜测朋友们一定会投来不一样的目光，从而使得生活状态发生了改变	7
14	地域体验	通过使用某种产品或服务，感到仿佛置身于另一个地域环境，并在一定程度体验与这个特定地域环境相连接的文化因素	通过去一家正宗的泰国餐馆用餐，重温在曼谷的环境和人文体验	6
15	挑战体验	通过一定时间的学习和练习，让自己能够顺利使用某种一般人不太容易熟悉的功能操作，进而感觉自己完成了挑战，并因此而自豪、喜悦	通过一定时间的学习，熟悉了某款汽车相对复杂和具有一定个性化设计的中控操作系统	2
16	生理体验	产品要素对身体感觉器官的刺激，让身体器官获得感知，并随即形成生理的感觉性体验	比如车内的气味带来的嗅觉体验，以及触摸方向盘时的触摸感觉	8
17	选择体验	当想要挑选一件商品时，有不止一种款式可供选择。在用户决定购买其中一款商品的同时，也感受到了自己是有选择空间和权利的。即，是在有选择的情况下，挑选了最适合自己的商品，并因此而感到满足	店中只有一款鞋是符合用户需要的，但是由于有其他款鞋作为陪衬，用户选择这款鞋的时候，仍感觉是在很多选择中挑中了相对最适合自己的一双鞋，并因此而感到满足	3
18	自我实现体验	通过购买、使用某产品或服务，使用户实现了在某些方面的自我认同	通过购买奔驰轿车，让用户感觉自己步入了精英的行列	9
19	情感体验	通过购买、使用某产品或服务，获得某种特定的和临时的情感体验	通过享用生日蛋糕，产生了临时性的欢快感	4
20	情绪体验	通过购买、使用某产品或服务，在一个较长的时间里获得某种特定的情感体验	通过持续使用一种香水，让自己保持某种特定的情绪	8

第 3 节　讨论

对于第2节所述的研究结果，作者认为有以下几点内容值得总结与反思。

一、关于数据分析

本次的研究被试者共11人（作者本人和10名研究生），因此，第2节中所列出的每一个体验类型，有可能被提及的最高次数就是11次。在这20种用户体验类型中，既包括被提及次数较多的类型，也包括被提及次数较少的类型，甚至包括只被提及了1次的体验类型。那么，与被提及次数较少的体验类型相比，那些被提及次数较多的体验类型是否就具有更高的成立合理性呢？在作者看来，并不是这样的。其原因在于：只要有1个人明确意识到某种体验类型的存在，那这就是证明该体验类型确实存在于实际体验现象之中的切实证据。被提及的次数少，只能说明意识到这种体验类型的人少，而不能说明这一体验类型是不成立的。因此，如果沿袭定量研究的习惯，设定一个统计学意义的标准去忽略少数数据的存在意义，显然是不合理的。

值得注意的是，根据对日常消费行为的观察与分析，某些体验类型被提及的次数较少，其原因大概有以下两种可能：第一，在所有的消费者之中，通常只有少数人会产生对某种高层次或者说冷门价值的需要；第二，也许是由于自身敏感度、抽象思维、自省回顾与理性分析能力的限制，被试者难以对某些抽象性较强的体验机制形成清楚的察觉和明确的辨别。如此一来，对于寻找产品创新的机会点和发现新的细分市场，那些被提及次数较少的体验类型反而更具有启发价值。

二、仍存在的问题

此前已有的三项"体验分类"研究中存在的一个问题，在本次研究中同样未获得解决，没有逻辑表明，本次研究所建立的新的"用户体验分类框架"能够涵盖和阐释所有的体验现象。若基于本研究所使用的研究方法的功能特征进行推演，最理想的研究结果是，通过扩大样本数量，去无限接近对全体验现象的覆盖，但几乎永远无法真的做到全覆盖。因为按照波普尔（Popper）的"证伪主义"逻辑，只要没有覆盖全样本，就不能宣称某一理论是普适性的。

对以上问题的严肃探讨，主要是出于对学术严谨性的考量。当我们身处行业一线的实战气氛中时，即，若仅从指导体验研究与设计实践的功用性视角看，上述讨论就通常会显得有些"不接地气"。

三、本研究结果的价值

首先，在实践价值方面，本次研究借助基于现象学方法的质性研究，发现了用户体验现象中所包含的20种不同的体验机制，并以此区分出了20个用户体验类型。与此前的相关研究成果相比，本次研究中区分出的体验类型，不仅在数量上要丰富很多，而且，每一个体验类型都能指称一个独特、明确的体验范畴。所以，虽然本次的研究工作尚不能为体验分类问题提供一个一劳永逸的解决方案（即，不能宣称已覆盖全体验现象），但就指导UX实践的实际意义而言，现有的研究结果已经具有了新的价值：为用户体验研究与设计实践展示了20种具体和明确的体验研究与设计对象。

在理论价值方面，本研究工作的关键意义在于，让基于现象学分析的质性研究方法对"体验分类研究"的适用性得到了呈现，并以此为体验分类问题的探讨又提供了一个新的有效平台。

四、是否需要再分类

对纷繁复杂的事物进行分类，是借助人类理性认识世界的基本方式，也是我们所喜爱的方式。因为，这不仅意味着对现象形成了更为深刻的理性认知，也意味着实现了对认知负担的缩减，即会获得一种对于周遭事物在认知上的掌控感。那么，对于上节所给出的20种体验类型，是否需要将其归入几种更为抽象的大类呢？如上所言，对于理性认知，特别是对于学术理论的构建，通常是需要的。那么对于指导UX的实践呢？这必然需要根据指导实践的实际需要进行讨论。

面对体验研究与设计的任务，实践者对于体验分类理论的一个基本需要就是，让每一种体验类型能够指称一个边界明确的体验现象范畴。于是，是否要对这20个体验类型进行再归类，第一，就要看能否保证不损伤这一基本要求；第二，也要看是否能通过这种再归类的分析获得对体验现象的更深刻的新认知。遗憾的是，到截稿时为止，作者并未发现能满足上述两条原则的归类方式。比如，从审美理论角度看，如果能够说明新奇体验是一种基于纯形式的心理满足感，那么将其归入审美体验大类也无可厚非。然而，虽然都是基于形式认知，新奇与美感这两种体验却仍是基于不同的形成机制。因此，做了这样的归类以后，虽然出现了一个看似更为系统的结构，但这个审美大类却失去了指称两个具体体验范畴的功能，进而减弱了对于UX实践的指导价值。

所以，务实地看，应始终秉承理论指导实践的基本研究原则，而不需要为努力实现进一步的结构化认知而感到焦虑。这就好比到目前也没有一个统一场论，能够将量子力学与相对论进行整合。如果再把思维放宽，我们的宇宙是否真的是按照某种确定的结构进行组织的？或者说，即便是这样，那这种结构又是否是能够被基于人类心智模式的理性所理解和认知的？至少在现在，我们还无从得知。

五、四种关键的体验分类

在本次研究中，研究者提出的一个先行假设得到了证实，在所有的20种体验类型中，被消费者最为关注的四个基础性，也是最为关键的体验类型是可利用体验、易用体验、审美体验、符号体验。其原因在于，"可利用、易用、审美、符号"，是大家之所以会对一个产品产生需要的最为普适性，即关注频率最高的四个需求维度。

于是，特别是对于UX的初学者，在一般情况下，理应把这四个需求维度作为用户需求调研工作的重点关注内容。而后，再对其他体验类型所对应的需求维度给予尽可能的关切与考量。

第六章
UX 怎么学

　　本章内容，将负责对"如何学习UX"这一问题给出尽可能周详的回答。其中，第1节内容，将根据当下UX行业的实践任务，对UX知识框架的结构性全貌给予尽可能全面的呈现；第2节内容，则对学习UX的过程中需要注意的一些重要问题进行介绍与讨论。通过阅读本章内容，读者将能对整个UX学习过程的努力方向做到了然于心。

第 1 节　UX 的知识框架

　　在第一篇中我们已经指出，从体验设计兴起开始，UX行业的基本实践目的一直都未曾改变，那就是应对体验经济时代的消费特征，通过用户调研与体验设计实践，满足人们对高质量产品与服务体验的需求，并以此为人类带来更加美好的生活。然而，事实表明，在通常情况下，是无法依靠某一个人的一己之力来实现上述实践目的的。这也是为什么在今天我们看到了"体验研究员""视觉体验设计师""内容策略师"等诸多细分的UX岗位类型。

　　由此，势必需要从以下两个维度来言说"UX的知识框架"：第一，UX的核心实践目的的需要；第二，各细分UX岗位类型的需要。本节的第一部分和第二部分内容，就将分别从这两个维度来讨论"UX的知识框架"。第三部分内容，则介绍本系列丛书的三册内容与该知识框架的对应关系。

一、维度一：UX 的核心实践目的的需要

　　在UX行业之主流实践目的的需要下，在每一位UX从业者的职业生涯中，通常都会遇到以下四项"认知升级任务"。

　　第一，搞清楚到底什么是UX。一方面，要在正确的方向上对UX概念形成扎实的基础性理解。这是保证顺利入行的第一道关。另一方面，随着实践的不断深入，以及遇到更为复杂的实践挑战，需要对UX概念形成更为全面和深入的理解。

　　第二，扎实掌握"用户中心方法论"。一方面，对该方法论之基本工作流程与配套实践工具的理解与掌握，是保证顺利入行的第二道关。另一方面，在逐渐走向行业实践之深水区的过程中，会不断遇到更为复杂和难解的实践问题。与之相应的是，需要对"用户中心方法论"之各细节方法与实践工具（特别是对这些内容的灵活运用方式）形成更为深入的认知。甚至，需要针对新的问题，创造出新的方法与工具。

第三，当真正步入行业实践之深水区时，便会真切感受到"体验创新之难"。同时，会发现其中的关键难题在于如何能实现有效的"隐性需求调研"。为此，势必需要对"隐性需求调研"的任务实质形成有效的认知，并在此基础上，对"隐性需求调研"所需要的实践策略以及配套方法论形成深入的理解与掌握。

第四，对于大多数从业者，一旦理解了"什么是隐性需求调研"以及"应该如何开展隐性需求调研"，便会发现需要在以下三个方面进行全面的认识升级，否则将难以应对"隐性需求调研"的实践需要：首先，需要对人与社会的行为机制形成更深入的理解；其次，需要站在更高维度，对 UX 的研究方法论形成更为全面、深刻甚至是创造性的见解；再次，很可能需要让自己的思维方式（或称之为综合性思维能力）获得"越迁式"的提升。

根据上述的"认知升级任务"，UX 的知识框架理应包括以下 11 项知识要素。

1. 关于"什么是 UX"的知识

其中主要包括：UX 行业简史，以及对 UX 概念之外延与内涵的界定。

2. 关于"用户中心方法"的知识

其中主要包括："用户中心"原则，基于"用户中心"原则的设计实践流程，以及相关实践方法与工具。

3. 关于商业运营的知识

其中主要包括：商业的运转模式、商业营销的策略与方法、品牌管理、市场调研方法论（包括市场调研模型）。对该知识群落的掌握，主要服务于"用户中心方法与实践流程"之项目背景调研环节的有效实践（见第三篇第八章）。

4. 基于心理学的用户调研方法

其中主要包括：访谈、观察、问卷编制、定量数据处理与分析、质性数据处理与分析，以及基于眼动追踪、功能性核磁共振、生理指标检测等技术手段的行为实验设计和数据分析。对该知识群落的掌握，主要服务于"用户中心方法与实践流程"之用户调研环节的有效实践。

5. 设计方法论

其中主要包括：设计史、设计原理、创新设计方法，以及与不同产品领域或岗位类型相对应的部门性设计方法论，如交互设计方法、视觉设计方法、产品造型设计方法、空间设计方法、文案设计方法等。对该知识群落的掌握，主要服务于"用户中心方法与实践流程"之设计解决方案环节的有效实践。

6. 关于隐性需求调研的知识

其中主要包括：隐性需求调研的哲学、隐性需求调研的策略、隐性需求调研的方法（包括对"用户调研方法""设计方法论"的升级性认知）。还要指出的是，隐性需求调研方法的有效应用，有赖于以下所述的所有知识要素所提供的支持。

7. 对人及其行为机制的理解

其中主要包括：对动机、自我意识、人格、情绪和生理需求等的理解，以及对用于理解人类行为之研究方法的理解和掌握。

8. 对社会及其行为机制的理解

其中主要包括：对社会关系网络构成、文化演进规律等社会行为机制的理解，以及对社会学研究方法的理解和掌握。

9. 研究方法论

其中主要包括：对科学研究方法和科学哲学的全面与深入理解，以及在此基础上，对定量、质性混合研究方法和跨学科研究方法的理解与掌握。

10. 数据驱动的用户研究方法

其中主要包括：对数据分析原理以及功能边界的理解（其中包括基于人工智能的数据分析原理、数据爬取技术为相关学科及研究方法带来的影响与变革），以及对数据收集以及分析方法的掌握。

11. 高阶思维方式

其中主要包括：研究思维、问题导向思维、哲学思维、理论思维、不确定性思维、创造性思维原理与方法。

二、维度二：各细分 UX 岗位类型的需要

在此，将针对以下三类从业者，对其所需的UX知识框架进行讨论：第一，用户体验研究员；第二，"UX+设计"型从业者。第三；高阶UX从业者。

1. 用户体验研究员

几乎所有UX项目，大致上都是沿着以下流程开展工作的。该工作流程，即基于"用户中心方法"的产品设计流程，也有从业者称之为"设计思维流程"。

"1. 项目背景调研 → 2. 用户需求调研 → 3. 产品方案设计 →

　4. 原型制作　　 → 5. 设计测试　 → 6. 数据追踪"

对于用户体验研究员，所需要负责的主要工作内容通常是项目背景调研、用户需求调研、设计测试、数据追踪。不过，特别是对于高职级的用户体验研究员，时常需要面对各类"隐性需求调研"任务。

于是，在上述UX知识框架中，除了第5项"设计方法论"，其他知识要素均是需要体验研究员深入掌握的。此外，虽然不需要体验研究员对设计方法论进行非常详细的掌握，但为了能够与设计人员开展高效的合作，还是需要对设计工作的基本原理、难点以及设计人员的常用思维方式给予一定程度的关注与理解。

2. "UX+ 设计" 型从业者

在上述工作流程中，"UX+设计"型从业者需要负责的主要工作通常是：第一，与体验研究人员进行接洽，接收设计需求。当然，在有些企业中，体验设计人员同时还肩负着项目背景调研和用户需求调研的工作。第二，进行产品方案设计和原型制作。第三，辅助体验研究员，完成设计测试，感受与理解设计中存在的问题。

于是，对于"UX+设计"型从业者，需要重点掌握的知识要素，便是上述知识框架中的第5项内容："设计方法论"。要指出的是，这绝不意味着会比体验研究员的学习任务更加轻松，因为，"设计方法论"已是一个极为庞大和复杂的知识群落。何况，高质量的设计还需要设计实践经验，以及创造性直觉、艺术直觉等或然性因素的介入。此外，至于需要对其他10项知识要素掌握到何种程度，则取决于在具体的企业环境中是以怎样的方式和程度来参与其他UX工作环节的。

3. 高阶 UX 从业者

诚如，有道无术，术尚可求；而有术无道，则止于术。在很多时候，高阶UX从业者所面对的问题都具有"非常规性"的特征。对于这些问题，借助常规的"术"是难以解决的，甚至难以对问题做出有效的界定。这时，就需要站在"道"的层面，去厘清问题的本质，进而创造性地组织过往的"术"，或者是创建新的"术"，以"破万境，立新境"的方式来应对这些问题。要想做到这一点，对上述知识框架中的"高阶思维方式""研究方法论""对人及其行为的理解""对社会及其行为的理解"这四项内容的深入掌握，甚至是对其形成自己独到的见解，是尤为重要的。

当然，在理性层面上掌握这些知识也许并不难，但若想能真正以恰当的方式来驾驭和运用这些知识，比认真学习与刻苦钻研更重要的，是需要拥有一颗虽侵满了人间烟火，却仍能元气满满、清澈神明的强大心灵（对此，将在第二和第三册书中进行进一步的探讨）。

三、本书如何讲述上述知识框架

本系列丛书的三册内容，将对应本节第一部分所介绍的四个"认知提升任务"，尽作者的能力所及，为UX从业者的整个职业生涯提供系统性与反思型的认知指导。要向读者说明的是，之所以要这样做，其目的并不在于贪图知识覆盖面的"大而全"，而是出于一个"不得已的原因"。

具体来看，与本书相关的研究内容的最初缘起是，作者好奇于UX行业所面对的"体验创新窘境"，于是想通过对其现象和其中之关键问题的反思来发现破解之道。但后来发现，该反思研究，势必需要沿着以下路径来展开："只有先对最底层（即基础性）的问题给予全面的厘清，才可能对更为表层的问题展开进一步的反思与分析。"事实上，该过程就在紧密地贴合上述四个认知提升过程。从另外一个角度看，也只有让该反思研究覆盖UX的全知识框架，才能让各反思内容实现相互交织，形成合力。此外，由于该知识框架的核心作用就在于应对全部的UX实践，所以，也只有在这个整体的知识框架中，才能让各反思研究的质量和仍然存在的问题被有效识别出来。

但要指出的是，本书虽然在结构布局上覆盖了UX的全知识框架，但这并不意味覆盖了与UX实践相关的所有细节知识点。比如，对体验数据的统计学分析方法。又比如，面向人因问题的"反映时"测试方法等。一方面，是由于在这些成熟性的知识中，几乎不存在什么需要进行反思与再解读的争议性的内容。而且，已经有众多优秀的著作、教材、网站能够在这些方面为读者提供优质的学习资源。另一方面，这些细节知识内容，并不对UX的基础性知识框架起到连接和主要的支撑作用。因此，未能把这些内容安排入丛书的有限篇幅内，既不会影响对相关问题的反思研究，也不会影响读者对UX主体知识框架的系统性认知。当然，在此基础上，读者需要根据自己所要从事的具体UX岗位的特征，借助其他学习资源来掌握相应的细节知识。这对于开展相应的UX实践是不可或缺的。

第 2 节　UX 的学习方法与注意事项

正如在第1节中指出的，本系列丛书并未涵盖相关于UX的所有"末梢性"知识。在这之中，既包括已经获得成熟发展的常规性和稳定性知识，也包括随UX行业的发展而不断涌现出的新知识，以及发生相应变化的动态性知识。此外，当读者们深入到不同的产品领域，若想让体验思维能有效地支持各垂直领域的产品创新实践，除了UX知识，还必须对各产品领域的具体情况（如用户群、研发技术、研发周期、产品生命周期、营销渠道等）形成必要的认知与理解。根据作者的观察，在对上述知识进行学习的过程中，大家时常会遇到如下问题，并感觉难以进行很好的把控：第一，应该怎样安排这些知识的学习优先级；第二，对每一项知识点的掌握深度，应该是怎样的；第三，如何让这些知识相互助力，形成认识合力；第四，如何才能快速、翔实地搜集到关于这些知识的学习资料。因此，在本节，作者将把自己在学习与教学过程中积累的相关经验分享给大家。希望能为大家对以上四个问题形成有效的思考提供必要的帮助。

一、建立"问题导向"的学习思路

所谓"问题导向"的学习思路，就是指，先搞清楚正在面对的实践任务是什么，即确定问题。然后，根据这个实践任务来确定"应该补充哪些知识""这些知识的优先级是怎样的"，以及"每个知识点应该学多深入"。对于所有这些问题的把控，都以能够解决所面对的实践任务为准则。当然，要做到这一点，也许并不是一件特别容易的事。其主要原因在于，毕竟需要花费一定的时间和精力，来搞清楚实践任务的具体内容，以及分辨出其中的关键问题。但这显然是"磨刀不误砍柴工"的。

我们经常会见到一些尚未建立"问题导向"学习思路的朋友，在学习过程中会不断抓热点、新名词。两年下来是学会了很多概念，谈论起来也头头是道。但如果问他在自己的工作中具体应该怎么做，他却没有明确的思路，甚至是一头雾水。由此可见，如果学习不能用来解决特定的问题，那么，再学100个新概念，认知再升级100次，也很可能是没有实际价值的。

最后要指出的是，应该可以说，"问题导向"的学习思路是我们学习过程中所应遵循的一个总原则。因为，以下的所有学习要点，几乎都和该思路有着直接或者间接的关系。

二、从招聘信息中发现学习方向

特别是还在学校读书的朋友，经常会略带几分焦虑地思考：应该如何整合现有的知识？还应该补充些什么知识？应该练就哪些优势竞争力？若想有效地回答这些问题，按照"问题导向"的学习思路，最好的方法之一莫过于从招聘信息中发现学习的方向。

具体来看，对于大多数在校生，在校学习的直接目的便是进入行业，顺利就业。于是，即便是在入学的第一天，也可以通过"领英"等招聘信息发布渠道，查找自己喜欢的工作岗位。通常情况下，这些招聘信息都会对"岗位描述""工作职责""能力要求""加分项"等内容进行详细的介绍。到目前为止，作者还没有遇到任何一位学习者反馈说"这些招聘信息对于学习方向的指导是无效的"。

三、想办法锻炼"破题"能力

所谓"破题"能力就是指，当遇到一个 UX 实践项目时，能快速和准确地界定问题。即，能有效地锁定和指出任务的实质，并能周详阐述"有哪些与之相关的关键问题有待解决"，以及"这些问题之间的相互关系是怎样的"。在第一篇 UX 简史中大家已经看到，体验设计兴起后，审美、科技、品牌、商业等新的元素不断融入 UX 工作中，这使得各类 UX 任务的内部结构越发丰富，同时也越发复杂。于是，对一项任务进行有效的破题，变得越来越不是一件容易的事。特别是近些年来，不论是对于"用户体验研究"岗位，还是"UX+设计"型岗位，较好的"破题"能力越来越成为一名 UX 从业者的必备技能。

不过，"破题"能力是一种综合性的能力。这种综合性能力的产生以及能力水平的高低，取决于诸多细节性能力因素的参与和相互支持，如逻辑思维能力、理性分析能力、专业背景知识、对周遭环境及其变化趋势的感知能力等。所以，由于每个人的知识背景和认知能力有所差异，以至于很难说能按照某种固定的套路来练就这种能力。

但根据作者的长期观察，就 UX 范围之内的知识内容而言，对其中的以下两个知识要点的掌握，是培养"破题"能力的必要条件：第一，对 UX 行业的发展历史做到了如指掌，因为这能为有效"破题"提供重要的经验性视角；第二，对各种体验研究与设计方法的功能边界（包括基于大数据与人工智能技术的数据研究的功能边界）形成深刻和明确的理解，这能为思考"所遇到之问题是否能被解决"和"应怎样解决"提供思考的支点。

四、如何判别"该听哪个讲座"

培训、讲座、论坛，是从业者们补充专业知识、完善认知框架和掌握前沿动向的重要渠道。但是特别是在近些年，随着体验经济和UX行业的快速发展，与之相关的各种培训、讲座、论坛多如牛毛。对于从业者来说，学习的资源不是太少，而是太多了。甚至在同一时间内，会有两三场讲座同时举行，而且看上去都很有价值。于是，从业者们就遇到了这样一个问题："我该去听哪场讲座呢？"即，如何判别哪个讲座的质量更好呢？除了要紧密贴合自身认知框架的需要，在此，为读者介绍另一个实用技巧：从"对行业问题的言说"中判断讲座的质量。

具体来看，在讲座或培训中，演讲者通常会围绕行业问题给出自己的看法、观点或是理论模型。这些内容的质量怎样，则取决于以下两点：第一，对问题的描述是否周全，对问题的界定是否清晰，对问题本质的剖析是否准确、深刻、明了；第二，在所给出的观点和理论模型中，是否包含用以解决问题的有效和明确的逻辑链条。

最后，我们也可以在讲座过程中，针对自己感兴趣的问题向演讲者提问。如果他的回答能够满足以上两点需求，那基本上就说明这场讲座值得继续听下去。同时，也值得去关注该演讲者，以便后续能继续获得可能的提点和启发。

五、要不要学编程

大约从2017年开始，以下两件事受到UX行业的热切关注：第一，人工智能技术的继续发展，及其在设计创作等领域的应用；第二，大数据技术的发展，以及数据分析在用户调研领域所展现出的重要价值。由于用户调研以及产品设计都是UX的重要工作内容，很多从业者都在焦虑地思考着一件事："到底要不要学习编程？"因为只有掌握编程技能，才能以独当一面的方式胜任数据分析和人工智能开发的具体实践。而焦虑的一大原因则在于，对于没有编码基础的人来说，要想熟练掌握编程技术，通常要耗费大约半年以上的时间。不论是对于在校生，还是在职的工作者，这都是巨大的精力支出。

那么，作为UX工作者，到底需不需要学编程呢？根据作者的经验，对以下这两件事的了解，将为回答该问题提供重要的帮助。第一，如果根据所使用的主要研究方法的差异来进行分类，目前大致上可以将用户体验研究员分为以下两类：（1）基于质性研究方法的体验研究员，（2）基于数据驱动的体验研究员。只能说在通常情况下，对于后者，一般是需要具备一定编程技能的。第二，在一些企业里，UX工作者只需要负责对已获取的用户数据进行整理、分析，进而给出关于用户需求的结论报告。而另外一些企业则会在招聘信息中标明"需要应聘者具备Python、R语言、SQL等技术能力"，因为，在这些企业里，需要UX工作者同时肩负数据爬取、数据库建设与数据建模等工作。

因此，是否需要学习编程完全取决于我们所在的企业环境、岗位特征，以及个人未来发展计划的具体需求。

六、时刻明白每件事的意义

稍加反思我们平时的学习和工作就会发现，如果一天的工作任务或是学习任务安排得很满，我们也许会感觉身体有些疲惫。但一般情况下这不会让我们有"心累"的感觉，反而可能会因经历了忙碌而产生满满的收获感或是成就感。但理性地想，这些切实的忙碌以及收获感，对于提升自己的认知水平到底能起到怎样的帮助，其实是很难说的。比如，如果所忙碌的事情，偏离了所需要的认知增长范围，那这显然是对精力、体力的一种浪费。又比如，如果实践及学习的内容只是在低效或旧有知识维度的添砖加瓦，虽然同样可能收获由忙碌带来的成就感，但对于认知的增长而言，反而会起到负面作用。

因此，为了提升学习的效率，我们有必要根据自己的工作内容或是目标的工作岗位，确定自己所需要的知识框架。然后，一方面，围绕该知识框架，有计划地开展学习活动；另一方面，在每次工作、学习，甚至是听一场讲座之前和之后，都思考一下"这件事对于丰富自己的认知框架所起到的作用是怎样的"。

七、"知识输入"与"知识输出"相结合

为了丰富和提升自己的认知框架，一方面，我们确实需要做好"十年磨一剑"和"坐得冷板凳"的准备，通过书籍、课程、培训、实践、参会等渠道，平心静气、一丝不苟地进行"知识输入"。但与此同时，为了能够让自己知识结构的有效性获得检验，我们还有必要适时地进行"知识输出"。除了用我们的知识框架不断去应对各类行业问题和迎接新的挑战，还可以借助论坛、个人网站的建设以及撰写论文或是书籍等渠道，发表带有个人标签的观点、方法论以及理论模型。不断将此与其他从业者进行交流并接受他人的质疑。一来，这会帮助我们发现自己的认知框架中存在的不足；二来，在这一交流的过程中，还很有可能让我们吸收到新的思想，进而发现看待问题的新视角，以及解决问题的新思路。

第三篇：用户中心方法

对于从容上手UX实践的从业者，在深入理解了"UX是什么"之后，需要做的第二件事，便是扎实掌握用于体验研究与设计实践的基础性，同时也是核心的方法：设计思维方法。有从业者也经常称之为"用户中心方法"，或"基于'用户中心原则'的设计方法论"。究其原因，设计思维的核心宗旨，就在于强调在产品开发中把用户放在中心位置，从用户的真实需求（如遇到的问题）出发，通过设计实践，开发出符合用户需求的产品，让用户获得最佳的使用体验。

具体来看，设计思维方法是基于"用户中心原则"的一整套设计方法论。根据主流UX实践任务的需要，要想从容上手体验研究与设计实践，在学习设计思维的过程中，必须扎实掌握以下三个知识群落。

第一，设计思维的底层逻辑，以及实践流程。该内容将由本篇的第七章负责讲述。

第二，每个实践环节的行动宗旨、实践方法，以及配套工具。本篇的第八章至第十二章内容将对此逐一进行介绍和解读。

第三，研究思维。简而言之，对该思维方式的得当运用，将为有效发挥设计思维方法的实践效能起到至关重要的作用。本篇的第十三章内容，将对该思维方式的具体内容进行引介和探讨。

此外，为了避免理论的枯燥，在本篇中的必要部分，将以用户界面的体验设计为例，对设计思维的相关方法论进行有的放矢的解读。

第七章
设计思维及其实践流程

在本章的第一节，将通过引入一个有趣的故事"众多的设计思维流程"，来揭开设计思维的面纱。其目的在于既让读者获得有关于设计思维的最直观感受，又可以借此来帮助读者了解设计行业的大致工作气氛。作为对"众多的设计思维流程"这一问题的解决，第二节的一部分，将对设计思维的底层逻辑做出解读。在此基础上，随后的第二部分内容，将根据主流的UX实践任务，介绍一个由五个实践环节所构成的设计思维流程，供读者进行学习，且作为实践的基础性平台。之后五章的内容，便是对这五个实践环节的逐一详细解读。

第 1 节　众多的"设计思维流程"

一般来讲，对"设计思维"进行系统性学习的起点，就是深刻理解和掌握其实践流程的内在逻辑与具体内容。从表面上看，与其他各种"流程图"类似，"设计思维的实践流程"也无非就是一个由几个"圈圈"和几个"尖头"构成的用以表达某种逻辑关系的示意图。但只要开始展开学习就会发现，要想真正掌握这个流程的全部内涵，虽谈不上太难，却也不像想象的那么简单。学习者首先会遇到的一个困惑就是，只要在搜索引擎中搜索Design Thinking或"设计思维"，就能轻松找到多种出自不同企业或学术机构的设计思维流程图。如图7-1所示，只罗列了其中的一小部分。于是，问题来了：第一，这些设计思维流程的区别是什么？第二，哪个流程才是最好的？需要了解和学习所有种类的设计思维流程吗？第三，这些设计思维流程有没有可能被整合呢？

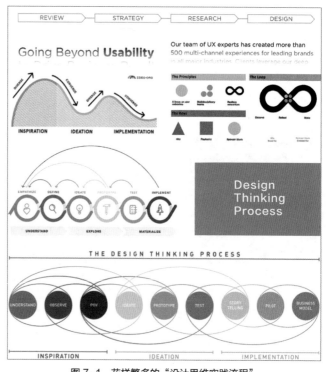

图 7-1　花样繁多的"设计思维实践流程"

如不把上述问题搞清楚，在实践中，就只能基于一些非理性的依据（如"哪个流程被公认为很权威，大家都在用""哪个流程是最新提出的"等）选一个看似最好的流程先"糊里糊涂"地用。以理性态度看，显然是不应该这样做的。但遗憾的是，大抵出于如下三个原因，即便是一些入行已有些年头的从业者，通常就是这样做的。

第一，难以跳出"我注六经"的学习习惯。即，本能地对公众化知识（如各种知名的设计思维流程）有一种敬畏感，认为发布这些知识的作者都是专家学者，因此要时刻保持学习的态度，恭敬地拜读。而很少会把自己放在高处，审视各种知识的合理性、对各知识所指向的本质问题进行求索，以及对各知识间的复杂联系进行分析。但这也不能完全赖大家，因为，"我注六经"这种学习状态的形成与持续，在很多时候与以下两个客观原因有着密切的联系。

第二，尚未有成熟的理论建设对上述问题给予明确回答。如果说与哲学、物理学相比，心理学只是个年轻的学科，那么，设计学就是一个更为年轻的学科。设计学的初始性研究，从广义上看，虽然可以追溯到文艺复兴时期，但就大家在习惯意义上所说的现代设计学而言，其基础性研究的开始还是比较晚的——直到20世纪50年代，才有相关著作和期刊（如*Design Study*）陆续出现。到目前为止，对于不同设计思维流程的比较与整合问题，还没有成熟的体系性理论研究给予解答。

第三，工作环境没能为必要的反思提供足够空间。具体来看，一旦要对不同设计思维流程的价值进行评判，势必先为此找到一个思维的支点，而这又必然需要投入大量的时间，用以进行文献调研和思辨分析。然而，当下，因商业节奏和由工具理性与效率意志主导的文化氛围所带来的压力，特别是在互联网企业环境中，很少能为反思与思辨提供宽裕的机会。

但必须要承认的是，在激烈的商业竞争中，大家经常是"战得两败俱伤"。在这种情况下，"胜败往往在毫厘之间，谁比谁多一口气，谁就是赢家"。所以，时常也只能把"Done is better than perfect"（不求完美，先求完成）作为最佳行动策略。就算"随便"选个流程先用着，也总比没有流程胜算大。如果非要等着把问题彻底搞明白再进入战斗，等进去时战斗已经结束了，那岂非在一开始就已经注定失败。

不过，同时还需要注意的是，随着设计思维理论在更大范围的加速普及，以及唾手可得的相关学习资料越来越多，"随便"选一个流程用的胜算正在变得越来越小。而系统性学习的价值，恰恰就在于能够帮助读者实现正规和专业的认知升级，搞清楚设计思维及其多种实践流程的来龙去脉，成为"复杂与混乱中的明白人"，以此在未来的竞争中处于优势的位置。

为此，在第二节的第一部分，将对设计思维的本质指向进行解读。在第二部分，将给出一个能够体现设计思维核心指向的，由五个实践环节构成的设计思维流程。以此为读者提供一既周全又相对比较简明的学习和实践平台。

第2节　设计思维的本质与实践流程

一、设计思维的本质

1965年，英国皇家艺术学院的布鲁斯·阿彻（L. Bruce Archer）教授，在其著作*Systematic Method for Designers*中首次提出了设计思维的概念和相关理论。此后，荷兰代尔夫特理工大学、美国斯坦福大学设计学院、伊利诺伊设计学院等学术机构，以及IDEO、SAP和IBM等商业机构，基于各自对设计思维的理解与具体的应用目的，对设计思维的理论体系进行了持续不断的改进，并给予新的解读。这也是现在流行着多种不同设计思维流程模型的原因。但不论如何改进，以下两方面内容从未改变过。

一方面，在所有的设计思维理论体系中，都包含三种要素：第一，对设计思维的思想原理的阐释；第二，对基于这种思想原理的设计实践策略（即实践流程）的阐释；第三，对实践流程中所需要的实践方法与相关工具的阐释。

另一方面，在所有设计思维理论体系对其思想原理的阐释中，都包含如下三个核心的思维原则：第一，以用户为中心的思维原则。即，设计的最终目的在于满足用户需求。第二，以问题为导向的思维原则。即，定义问题→解决问题。在这之中，既要关注用户提出的问题，同时也要关注商业目的所提出的问题。第三，"伽利略式"的逻辑实证原则。如果把这三个思维原则归纳为一句话来表述，那就是"目标明确、有理有据地开展系统性设计实践"，这也是设计思维的本质指向。再进一步来看，大家只要稍加分析就不难发现，各式各样的设计思维实践流程，无非是秉承着上述三个思维原则，对以下实践流程进行了不同方式的演绎。

第一步：发现问题；

第二步：解决问题；

第三步：评估解决效果。

因此，值得注意的是，正如斯坦福大学d.School的拉里（Larry）教授所说："设计思维的精髓与关键，在于其思考问题的方式。"一旦掌握了这种思维方式，便可依据项目目的、项目组成员特征和企业组织结构等实际情况，灵活地组织和选用恰当的设计流程。即，思维方式是"体"，设计流程是"用"。相反，如果没有掌握该思维方式，不论生记硬背下来多少个"设计流程模型"，也都是空有其形，而无其神，难以在实践中发挥其应有的效用。

相应地，在学习过程中，一旦掌握了设计思维的思维原则，各种设计流程的模型就不再是孤立的知识点，而是设计思维落实于设计实践的各种实现形式。所以，无论再看到任何形式的新式流程模型，都能以设计思维的思维方式为根，将其融入自己的设计思维知识体系之中，以供日后在恰当的时候选用，而不再需要去仰望和硬背。如此一来，学习的状态就不再是"我注六经"，而是"六经注我"，即，让知识为我所用，各种看似散碎的知识，都能以结构化的方式纳入自己的认知体系，从而让自己的认知体系不断地丰富和加强。

二、"5 环节"流程

根据第一部分的内容，我们可轻松地明白，"哪种设计流程才是最好的"，其实是个伪问题。因为，只要是符合和体现设计思维核心思维宗旨的设计流程，就可以将其算作是设计思维的设计流程。至于说好不好，那只能看这个流程是否与具体项目的商业诉求、团队成员特征、组织机构习惯以及其他实际条件相契合，而没有固定的评判标准。从而，根本不存在所谓最好的设计流程。那么，对于初学者，应该先掌握哪个设计流程，并在此基础上进行实践练习呢？这就要从初学状态的实际需要说起。

第一，对于初学者，深入理解设计思维之思维方式的重要性，再怎么强调都不过分。因此，这就需要所学习的设计流程能够完整表达设计思维的所有核心思维方式。

第二，通常情况下，一招一式稳扎稳打是初学者的必经之路。这就需要所学流程中每一个环节，都指向一个独立、明确的实践任务。而不能一上来就学习那种整合度很高的流程，因为那就等于在没有走稳之前就开始跑。

第三，能沿着一个明确、流畅的逻辑线索开展流程性的实践，在任何时候都是有益的，对于初学阶段，这就显得更为必要。所以，必须确保所学流程能表达出一个简单明确、一气呵成的实践逻辑。

基于上述考虑，作者在此引介一个由五个实践环节组成的设计思维流程，如图7-2所示，供读者学习和进行实践练习：1. 理解项目背景 → 2. 用户痛点调研 → 3. 设计解决方案 → 4. 产品原型制作 → 5. 设计方案测试。

对应上述的五个实践环节，在随后的第八章至第十二章，将逐一深入到每个环节的内部，对各环节所涉及的细节知识进行详细阐释。在这之前，先对该设计流程的几个重要的和宏观性的实践问题进行说明。

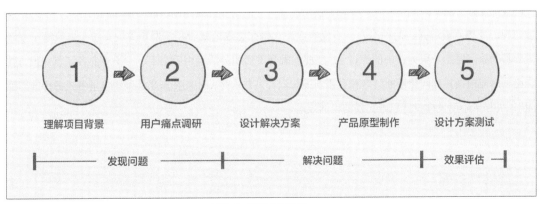

图7-2 "5 环节"流程

首先，该流程与三个大的实践阶段的对应关系是："理解项目背景"与"用户痛点调研"从属于"发现问题"阶段，"设计解决方案"与"产品原型制作"从属于"解决问题"阶段，"设计方案测试"从属于"评估解决效果"阶段。

需要指出的是，对于整个实践过程，"发现问题"（也即"定义问题"）是最重要的阶段。能把问题定义好，就等于成功了一大半。这正如阿尔伯特·爱因斯坦所说的："如果给我1个小时来解答一道难题，我会花55分钟弄清楚这道题到底在问什么。一旦清楚它到底在问什么，剩下的5分钟足够回答这个问题。"所以，在最初制订项目的日程计划时，必须为定义问题阶段留出足够的时间。

其次，从"理解项目背景""用户痛点调研"，最后到"设计方案测试"，整个流程确实是在践行着一个从前到后、环环相扣的线性逻辑。但在实际的操作过程中，特别是在中间几个环节的实践中，时常会出现不能顺利获得令人满意的预期成果的情况。这时，如果不能在当前环节中对问题加以解决，那就只能返回到上一个环节，甚至是上上个环节，检查之前环节的实践是否有所疏漏或偏颇，从而获得更多必要的基础性支撑与线索。所以，在该流程中，除了在总体上的由前向后的实践逻辑，各个环节之间还会呈现出循环往复的迭代关系。

再次，按照前后相继的逻辑顺序，"产品原型制作"虽然位处第四环节，但根据大量产品创新实践的经验，原型的介入其实越早越好。甚至是在第一个环节（理解项目背景）中，也可以根据初步的直觉在纸上勾画出认为有可能可行的产品原型。这时的原型当然是很简易、粗糙甚至抽象的，但却仍然会有助于对各种问题的思考。

比如，要开发一个教学产品，在最开始就可以根据项目的商业诉求搭建出一个大致的课程内容框架。尽管在后续的项目任务界定、用户调研等过程中，最初设想的这个内容框架很可能被完全推翻，但这至少可以为讨论与思考提供一个具体的着力点。

最后，所有基于Design Thinking的产品研发实践都在表明：尽管设计思维及其实践流程已经为各类设计实践带来了显著的结构性与系统性，但这绝不意味着仅依靠设计思维流程就可以轻松收获令人赞许的设计成果。该实践流程固然重要，但使用流程的人的研究能力与创造能力所起到的作用，永远不能被忽视。要想逐渐增强这两种能力，不仅需要建立研究思维的意识和掌握相关的方法（本篇第十三章内容将对该问题给予更为详细的探讨），还要能融会贯通和灵活运用后续章节中讲述的各细节知识，并在必要时能根据具体问题不断学习和利用新的知识。只有这样，才能在未来实践中化解各式各样的"险阻"，并最大限度发挥设计思维实践流程的效用。

第八章
理解项目背景

　　所有的产品研发实践，无不以商业项目为依托。具体来说，商业项目既为研发工作指出明确的任务、提供必要的支持，同时也规定着研发工作的行动边界。因此，深入理解项目的背景信息，自然成为整个实践流程的起点。作为所有后续工作的基础性依据，在该环节形成的调研报告（可能是PPT或Word形式的），既是整个项目正式备案的第一份"里程碑"文档，也是最重要的一份文档，既要获得项目发起方的确认，同时也需要设计团队的所有相关成员给予深刻理解。

第1节　目标用户

　　商业的本质，即整合资源，满足用户的需要，并在该过程中获取利润。因此，存在明确的目标用户，是任何商业诉求得以实现的前提。所以，确定目标用户，是"理解项目背景"这一环节中最核心的问题。在本节的第一部分，将为读者引介有关于目标用户调研的必备铺垫性知识。在第二部分，则是介绍如何从甲方获得目标用户的相关信息。

一、理解用户的五个层面

　　通过思辨分析会发现，人们对各种产品产生需求的本质，即人性动机在这个世界环境中的逐层外显。这个外显的过程，大致可以被归纳为以下结构：人性（Humanity）→目标（Motive）→任务（Task）→痛点（Pain Point）→需求（Needs），如图8-1所示。掌握这个思维框架，是以系统化方式去理解、界定用户的必备基础。下面，就从最"根源"的层面说起。

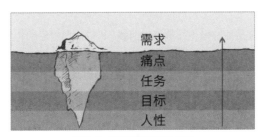

图8-1　理解用户的五个层面

1. 人性特征

人性，是让人们对各种产品产生需求的最基础、最深层的动因。对于设计实践，可把人性这个概念大致理解为人类所共有的、所有基础性的心理与生理动机的集合。所谓"基础性心理与生理动机"，也可用更为通俗的方式阐述为最为根本的欲望、欲念，或是思维与行动的最为基本的趋向。

很久以前，学术界就想获得一个能囊括所有基础性心理与生理动机且能对解释人的行为提供普适性支持的人性动机理论。但遗憾的是，至今也没能形成一个能够被大家一致认可的范本。不仅心理学、社会学、哲学等不同学科都有各自的动机理论，即便是在一个学科的内部，也存在不同派别、内容迥异的动机学说。

客观来说，目前，无法以"哪个学说好，哪个学说不好"来对这些内容给予评述。因为，所有的这些学说理论，所指向的要解决的具体问题是不同的。因此，比较可行的方法就是针对具体的问题选择相对适用的人性动机理论。一般而言，对于主流的商业产品设计与研发工作来说，本书第一篇第三章第3节中介绍过的需求层次理论（马斯洛）和多重亚自我理论，通常具有重要的指导意义。

2. 目标

人性在生活环境中的第一步外显，就是目标，即人们希望达成的某种生活状态，比如，能够满足于温饱状态，但对精神发展有着较高的要求。又比如，以获得尽可能多的物质享受，作为人生的终极理想。再比如，只求平安地度过一生就好。一方面，一个人可能会持有多种目标；另一方面，通常情况下，不同类型的亚自我人格会让人表现出不同的"优势需求"，而不同的"优势需求"则又进一步引发出不同的目标。

早在20世纪90年代，被业界称为交互设计之父的阿兰·库伯（Alan Cooper）就曾明确指出基于"目标导向"的用户调研方法所具有的优势。如今，"目标理论"已是被包括谷歌公司在内的大量知名创新企业所推崇的用户调研工具之一。美国著名创新策略专家史蒂芬·伍维克（Stephen Wunke）又将"目标导向"发展为Jobs to be done理论体系，其核心主旨仍在于提倡以洞察用户的"目标"作为用户需求调研的基础依据。

3. 任务

人性在生活环境中的第二步外显，就是任务，即，为达成各种生活目标，人们必然会面对多种多样的任务需要完成。比如，每天早上要从郊区的住所赶往50公里外的公司。又比如，需要时刻与外界保持信息交流。再比如，需要佩戴某种符号（如笔挺的西装），以体现自己独特的身份等。

在现实中，完成以上的任何一项任务，经常不会是一帆风顺的。而完成任务过程中遇到的各种阻碍，也即人性在生活环境中的第四步外显。

4. 痛点

所谓痛点，即达成目标过程中遇到的各种具体困难。比如，由于缺乏有效的交通工具，使得人们经常上班迟到。又比如，由于网络信号不稳定，时常会影响与合作伙伴的信息沟通。再比如，由于商品价格、产品款式等原因，难以找到恰当的符号来体现自我身份。

对于用户来说，各种痛点的存在，显然不是什么好消息。但对于商业产品的设计、研发而言，则正好相反，只有存在痛点，才能有机会为痛点设计解决方案（即产品），并让用户对解决方案产生强烈的需求，这也即人性在生活环境中的最表层外显。

5. 需求

需求，即用户对特定产品形态（或称"产品价值"）的需要。根据大量商业产品所表现出的价值类型，可以将用户对产品的主要需求大致归纳为如下四种。

第一，可利用需求，或称功能性需求。即对产品在功能性方面所表现出的有用性价值的需要。比如，需要汽车能够正常行驶，把驾驶者从A地带到B地。又比如，需要某交互界面具有点餐与付款的功能等。

第二，易用需求。即需要产品在具备功能价值的同时，还能让功能易于使用。具体来说，就是要在尽可能减少体力和认知消耗的情况下完成功能操作。比如，需要能在交互界面上方便、快速地浏览未来15天的天气信息。又比如，在驾车过程中，能在尽可能少分散注意力的情况下，使用车载交互系统完成导航设置。

第三，审美需求。即需要产品能为用户带来不牵涉功利性目的的纯形式上的愉悦感。比如，希望自己的汽车具有优美的外观造型。又比如，需要交互系统提供动听的按键反馈声。

第四，符号需求。即需要产品能够作为体现自我特定身份的象征（用象征物A来隐喻与该象征物相关联的意义B）。比如，用驾驶奔驰S级轿车来展示优越的经济身份。又比如，用驾驶一部宝马Mini双门跑车来展现自己的个性身份。再比如，某成功的商务人士穿布鞋出入各种场合，并将这双布鞋作为符号来传达"我不需要穿着皮鞋来表示比别人高人一等"的信息。

二、确定目标用户的方法

产品研发团队，通常会以如下两种身份开展工作：第一，在公司内部承担某产品开发的设计任务。这时，新产品研发项目的发起者就是主管该项目的部门领导，当然往往还包括这位部门领导的上级领导和上上级领导。第二，作为独立的咨询团队承接甲方公司的产品研发任务。这时，项目的发起者就是在甲方公司主管该项目的领导，以及一个或多个分管该项目的上级领导。以下将所有这些项目发起者简称为"甲方"。因此，第一，从根本上说，目标用户到底是谁，是由甲方（商业项目的发起者）来规定的，于是，我们一定要向甲方去询问"目标用户是谁"；第二，通常情况下，甲方未必是专业的用户调研者，所以，产品研发团队，特别是产品体验工作者，理应借助自己的专业技能，帮助甲方对目标用户定位的合理性进行检审，并给出建议。

那么，甲方为什么未必是专业的用户调研者呢？作为产品体验工作者，又该如何向甲方询问"目标用户是谁"呢？以下，就将解答这两个问题。

1. 甲方未必是专业的用户调研者

当我们向甲方询问"该项目所指向的目标用户是谁"时，若甲方能将以下信息准确无误地告知我们，那自然是最理想的调研结果了。

第一，基本信息：性别、年龄、教育、工作、收入、家庭情况；

第二，用户特征：人格特质、生活诉求；

第三，与产品相关的信息：目标、任务、痛点、需求。

因为这样就可以直接跨越到流程的第四个环节，进行产品原型的设计制作了，这可能是我们大部分设计从业者最手到擒来的工作。但实际上，这种情况几乎从来不会发生。

首先，理解人性的结构与内容是UX从业者的必修课，但在很多时候，这未必是甲方领导所掌握的（尽管从理论上说这也是他们最好能掌握的）。所以，在调研过程中，我们当然可以向对方说明"人性特征"这一要素的重要性，并就相关问题展开可能的交流与探讨。但对于人性的确切内涵，及其如何对产品设计、研发产生影响，并不能期盼甲方比我们了解得更多。

其次，随着"目标导向"以及类似理论的不断普及，越来越多的甲方开始能够对"目标"的重要性给予正确认识，并能对用户的"目标"以及与之相关的"任务""痛点"进行一定程度的调研与阐释。但是，这毕竟只是"有时候"才会发生的。更何况，即便甲方已经给出对"目标""任务"甚至是"痛点"的描述，设计人员仍要再次进行专业核查。比如，对于"目标"的现有描述，是否能与随后的"任务""痛点"形成合理的递进式逻辑关联。又比如，对这三个要素的描述是否足够完整，以及对于后续的设计实践而言是否可以作为具有足够"可交付性"的表述等。

再次，至于"需求"这个要素，如本节第一部分已经指出的"需求即用户对特定产品形态的需要"，这本就是需要由设计人员发挥自身能动性进行设计创造的。但同时仍需注意的是，尽管不能指望甲方对"需求"给予确切表述，但对竞品以及现有产品所表现出的问题的询问仍是必要的，因为这很可能是映射真正"需求"的重要线索。

综上所述，在向甲方询问"目标用户是谁"时？所应遵循的原则就是：第一，能问的，都要问，搜集所有可能获得信息；第二，同时心里要清楚，搜集到的各种信息，只能作为参考、线索，需要在后续的用户调研工作中进行更为深入的研究，以此对现有信息进行确认、修正和补充。

2. 如何向甲方询问"目标用户是谁"

通常情况下，可以参考如下步骤，向甲方询问"目标用户是谁"。

第一步：准备好采访表格，即用户画像的空白表格。

其中，表格的设计可以参考以下方式。

表格的第一部分，是目标用户的基础属性，如工作内容、经济状况、家庭情况、年龄、性别等。要注意的是，可以根据不同项目的实际特点与需要来设置所需要掌握的基础属性内容。

表格的第二部分，是对用户的整体性理解，包括对人性、人格特质，以及整体性的生活诉求的描述。

表格的第三部分，是关于产品需求的理解，包括与产品相关的生活目标、任务、痛点与需求。

表格的第四部分，用以备注其他必要信息，包括研究过程中的思考与疑问。

第二步：以开放性的询问方式，邀请甲方对其目标用户的特征进行自由阐述，并将甲方所述信息记录到表格的相应位置。具体的询问方式可以是，"您所面对的目标用户大概是怎样的"或"您的目标用户大致有什么特征和需求"。

第三步：根据表格上的信息要素，针对还未涉及的内容，以半结构化的方式向甲方询问这些信息，并将其记录在相应的位置。

最后，在有些时候还会出现以下情况：甲方不能对目标用户的特征给予有效描述，甚至尚未对目标用户的界定给予足够的思考。这时，就需要根据现有产品的市场表现（或者是甲方所关注的竞品），倒推出可能的目标用户。

第 2 节 技术支持与行业趋势

诚如第1节引语部分已经指出的，任何一个商业项目得以运转的两个支点是：第一，存在切实的目标用户；第二，整合资源满足用户需求。第1节对前者给予了解读，本节则要对后者的核心问题给予阐释。

那么，为何"整合资源满足用户需求"的核心问题在于"技术支持与行业趋势"呢？原因很简单，尽管每个产品通常都会表现出"可利用""易用""审美""符号"四种价值，但是，除了以提供欣赏价值为主要目的的工艺美术产品，任何一个商业产品得以成立的根本依据都在于其所具有的"可利用"价值，即具备功能上的有用性。而使产品能具备这种有用性的根基，又在于该产品实现其主要功能所依托的技术。

由此，深入了解"项目所能利用的技术支持"以及"依托于特定技术支持的行业发展趋势"，对于"理解项目背景"的价值是不言自明的。本节的两个部分，就将分别针对上述两个内容的调研问题给予阐释。

一、项目所能利用的技术支持

1. 理解技术支持的作用

了解"项目所能利用的技术支持"的核心目的，无非是为在后续的产品设计实践中回答如下问题提供依据：第一，用户的哪些需求是可以被满足的，哪些需求是不能被满足的；第二，能以怎样的方式去设计解决方案。

为了能最大限度"满足用户的需求"，且最大限度为"设计解决方案"扩展行动边界，对"可利用的技术要素"进行调研的基本原则，也是唯一原则就是全面。即，只要是为用户解决问题相关的技术要素，连同其技术特点、功能边界以及大致的成本，都应该被记录下来。虽然并不是所有的相关技术最终都能派上用场，但这对于为"需求调研"和"设计解决方案"提供最大限度的思考与想象空间，是必要的。

以车载交互设计为例，目前，能够帮助用户与车机进行信息交流的技术已经相当丰富。除了传统的物理按键、触屏交互技术，还有增强现实（AR）、虚拟现实（VR）、混合现实（MR）、语音识别、脸部识别、手势识别等技术可供选用。丰富的技术元素，为汽车厂商不断尝试以新的交互方式满足用户的人机交互需求和打造更好的用户体验提供了广阔的空间（早在我国的春秋战国时期，《考工记》中就已指出："一器而工聚焉者，车为多。"如今，造车技术的高低更是一个国家制造水平的综合体现。与此同时，汽车也是集中了最多前沿交互技术的产品平台之一。为此，在后续内容中，会引用车载交互设计的案例作为理论讲述的载体）。

2. 如何掌握"可利用的技术支持"

通常情况下，需要经历如下两个过程来掌握"可利用的技术支持"。

过程一：向甲方询问"项目所能依托的技术支持"。但在很多时候，尤其是对于新兴产品领域，一来，甲方未必了解全部的相关技术信息；二来，甲方常常未能以"体验思维"的专业视角，基于"用户中心"原则，对"可利用的技术要素"进行周详考虑。为此，就需要开展第二阶段的调研。

过程二：根据对目标用户的理解，秉承"用户中心"原则，通过行业调研、文献调研、专家访谈等方式，扩大对"可利用的技术要素"的调研范围。

此外，对于"可利用的技术要素"的调研活动，通常不止于"理解项目背景"这一阶段。在随后的"痛点分析"和"设计解决方案"环节，由于对用户需求的进一步明确，既可能需要扩大现有的"技术要素"调研范围，也可能需要在已有调研范围内筛选出最具价值的某几种"技术要素"，并根据具体需要，更为深入地了解这些技术的特性以及将这些技术进行结合使用的可能。

二、基于特定技术的市场趋势

即便某种技术与满足用户需求有所关联，甚至已经证明确实可以依托该技术形成具体的产品解决方案，那也并不意味该技术就一定是用以满足用户需求的最佳支点。且在事实上，特别是在产品创新领域，大量创新项目在运用各种新技术开发新产品的过程中都遇到过各种各样的问题，要么是发现技术本身存在某种形式的缺陷，要么是新产品投入市场后，用户的实际体验反馈与企业当初的预期之间存在落差。

如果想要最大程度规避上述问题，除了在项目之初就对所应用的技术进行详尽考察以及对基于该技术的产品解决方案有可能表现出的体验效果进行周全思辨，所能采取的最好方式，就是通过对基于该技术（或类似技术）的产品在现有市场中的实际表现进行深入调研，从而形成对该技术之具体价值的更全面、准确的判断。

还是以车载交互技术的应用为例。可能是由于特斯拉的引领带动，目前，大尺寸车载屏幕的触控交互已成了一种趋势，如图8-2所示，越来越多的厂商都开始采用更大尺寸的中控屏幕，就连一贯相对保守的奔驰也都开始采用大屏交互设计，国内自主品牌在这方面更是紧跟潮流。

图8-2 大尺寸车载中控屏幕

但问题是，不论"大屏交互"是否是前卫、时尚、科技等的象征，对于驾驶体验来说，这种交互方式存在的如下问题，一直没有得到有效解决：第一，分散驾驶注意力，引起安全隐患；第二，与传统物理按键、旋钮操作相比，更加耗费认知资源；第三，在颠簸路况上，难以进行准确的触控操作；第四，如遇交通事故，屏幕碎裂将带来更大风险；第五，汽车中控大屏如同手机一般都是电子产品，电子产品的寿命与一台汽车相比还未必在一个量级。

以2019款奥迪A8L轿车为例，其全新的大尺寸多屏触控交互系统，在带来"爆棚"式的科技感的同时，甚至被很多用户誉为奥迪有史以来"最美"的车载交互系统。虽然我们丝毫不用怀疑奥迪为打造这套交互系统所耗费的苦心以及对其市场表现所寄予的厚望，但19款A8L刚刚上市不久，就有用户反馈"在实际的使用过程中，全新的触屏交互系统并不如原先的物理按键及旋钮好用"。尽管奥迪为提供尽可能好的触屏交互体验已经煞费苦心，如为所有触控区域均设置了震动反馈，但遗憾的是，大量类似的用户反馈已经表明，新的大尺寸多屏触控交互系统，仍未能从根本上解决上述车载触屏交互现存的主要问题。

从而，大尺寸屏幕以及多屏幕触控交互，究竟是不是车载交互设计的未来？显然还是一个悬而未决的问题。因此，在后续的各种车载交互设计项目中，能否继续以"大屏（多屏）触控交互技术"作为设计交互解决方案的支点，是需要慎重考虑的。

综上所述，对于"技术支持"的调研，了解"可利用的技术要素"只是第一步，在此之后，还必须对每种技术（或类似技术）在现有市场中的具体表现进行周详调研，对该过程中获得的信息进行细致记录，并形成总结报告。

第3节　竞品分析

世界上现有的产品品类，几乎覆盖了人们各领域、各层面的需求。即，几乎找不到什么需求是没有产品与之对应的。于是，除非能够向市场输入iPhone那样的颠覆性创新产品，否则就必须善于从市场的夹缝中寻找机会，或在某个需求点上提供超越于竞争对手的解决方案。为此，首先要做的一个基础性工作就是"竞品分析"，进而，再在此基础上根据市场缝隙或自身优势进行"产品定位"。该定位是后续"用户调研""痛点分析""设计解决方案"环节的具体实践方向的必要指导。

一、竞品分析综述

竞品分析及其报告输出的方式，没有统一的标准。这完全依照竞品分析所指向的具体目的而定。对于主流的项目背景调研任务而言，竞品分析主要对如下两个目的负责。

目的一：帮助掌握用户需求。

这要求大家对各种竞品在满足可利用、易用、审美、符号四种需求方面的具体表现给予详尽调研。

目的二：帮助回答策略性问题。

至于具体的策略性问题是什么，各企业、各项目就不尽相同了。比如，针对一个难以解决的产品问题，想去参考一下其他竞品的做法。又比如，想通过竞品的发展动态，来验证自己对产品策略的预想或是需求走势的判断正确与否。再比如，想对自己的产品与竞争对手的产品之间的差异进行比较。因此，必须先向甲方确认其商业诉求和相应的策略性问题后，再据此进行有针对性的竞品分析。

确定好调研目的后，可以参考如下要点，开展竞品分析的实践并撰写调研报告（可根据具体调研目的调整）。

（1）商业诉求（详述具体项目的商业目的与策略性问题）

（2）目标用户（见本篇的第七章）

（3）调研计划（依照具体商业诉求与问题，设计逻辑严密的调研计划）

（4）产品情境（用户使用该产品的所有场景）

（5）市场情况（包括市场容量、竞争格局、市场占有率分布）

（6）行业走势（包括历史变化、发展趋势）

（7）竞品搜集（根据调研计划，查找竞品）

（8）竞品对比（根据调研计划，选择适用的工具开展分析〈见本节第二部分"分析工具"〉）

（9）商业模式对比

（10）宣传推广策略对比

（11）分析与结论（并非对上述内容的简单罗列与归纳，而是要从中寻找市场缝隙，并结合自身优势，对可能的市场机会进行有理有据的分析）

二、分析方法

竞品分析的方法多种多样。在实践中，需要根据调研计划，择优选用这些方法，或将这些方法进行灵活的组合运用，甚至是根据具体需要创建新的分析方法和相应的工具。下面将对常用的竞品分析方法进行介绍。

1. 需求分析

所谓需求分析，就是对"竞品满足用户需求的情况"进行对比分析。具体来说，就是要对不同竞品在以下四个方面满足用户的情况进行详细说明：可用性、易用性、审美、符号。

2. 体验要素分析

2002年，被称为"AJAX之父"的杰西·詹姆斯·加勒特（Jesse James Garrett）出版了《用户体验要素：以用户为中心的产品设计》（*The Elements of User Experience – User-centered Design for the Web and Beyond*）一书。在书中，加勒特指出了一款交互产品所牵涉的五个要素：最底层是战略层（Strategy），其中包括对商业策略与用户需求的描述；之后是范畴层（Scope），其中包括对产品的功能特性与所应提供的信息的描述；然后是框架层（Structure），其中包括对功能与信息的层级安排的描述；再然后是界面布局层（Skeleton），负责对各个界面的内容布局进行描述；最上层是视觉层（Surface），负责对各界面的视觉表现进行描述。这种表述，既简明、概括又系统、贴切地揭示了一交互产品（如一个App）在设计、技术、商业三个层面的完整内涵。要注意的是，上述理论框架仅适合于交互产品的体验研究。若针对的是具有其他特征属性的产品品类，那显然需要适当调整体验要素的调研策略。

3. "是/否"标注

该方法主要适用于对不同产品的功能进行对比分析。即，建立一个表格，在表格最左侧的纵向罗列出所有功能点，在横向罗列不同竞品的名称。对于每一个竞品，在具有某功能的地方标注"是"，不具有某功能的地方标注"否"。通过对比就可以清楚地看到不同产品在功能点方面的差异。

4. 体验价值评分

所谓体验价值评分，就是让用户对产品的各体验要素给出量化的评价。具体的实践内容是，建立一个表格，在表格的最左侧，纵向罗列出所有可能存在的产品体验要素（概念，以及对概念的必要解释），并设置1–5分评分表或者1–7分评分表，在表格中的恰当位置对评分标准进行备注说明。在表格的上端，横向罗列所有竞品。然后，让用户根据自己的主观感受，对每一个竞品的体验情况进行打分。

5. 主观评价

所谓主观评价法，即以如下两种定性的方式，让用户对不同竞品的产品价值进行主观评价，并给予记录：方式一为非结构式评价，即，让用户以自由评价的方式，对不同竞品的体验感受给予描述和评论。方式二为半结构式评价，即，根据调研计划中罗列的体验要素，让用户对各要素的体验情况给予描述和评论。

6. SWOT 分析

SWOT分析法，是由麦肯锡（Mckinsey）公司提出的企业战略分析工具。SWOT分别代表企业的优势（Strengths）、劣势（Weaknesses）、机会（Opportunities）和威胁（Threats）。使用该方法，可对研究对象所处的情境进行全面、系统的考量，从而根据研究结果制定相应的发展战略、计划以及对策等。SWOT分析法常常被用于制定企业发展战略以及分析竞争对手情况。对于"理解项目背景"而言，同样可采用这一工具进行竞品分析，以此揭示不同竞品（包括自己的产品）所处的态势关系。

7. 卡诺（Kano）模型

卡诺（Kano）模型是东京理工大学教授狩野纪昭（Noriaki Kano）发明的对用户需求分类和优先排序的工具，以分析用户需求对用户体验满意程度的影响为基础，阐释了产品价值和用户体验满意度之间的非线性关系。该模型同样适用于对竞品（包括自己的产品）之间的差异进行分析。

最后，要指出的是，以上内容并未囊括所有的竞品分析工具。事实上，既没有必要也没有可能罗列所有会被用到的分析工具。因为，能枚举出的所有工具都是固定的，而各种项目的诉求是多变的。根据具体的项目诉求，灵活选用和组合现有工具，甚至是根据新问题的具体需要创造性地设计新工具，才是学习和使用分析工具的正确态度。

三、注意事项

1. 确保数据与分析的客观与合理

竞品分析应当是一份有理有据的报告，不应夹杂来自研究者本人的不恰当的主观评论或判断，如"我不喜欢这个风格""感觉用得很顺手，所以这款App应该挺受欢迎"等。

当然必须承认，是报告，就有结论是结论，其中就必然有主观判断的参与。我们并不规避主观判断的存在，甚至鼓励调研者尽可能多地表达卓有见地的主观判断。但需要注意的是，任何主观的判断，都应有符合逻辑的数据支撑（包括定性和定量数据），而不是根据主观偏好的凭空臆断。

就数据的来源而言，月活排名可以来自App Annie、Usage Intelligence等咨询平台，网站排名可来自Alexa平台。对于其他数据的获取，可在百度指数、淘宝指数、易观智库、CNNIC、艾瑞咨询、新浪微博、微信、上市公司财报等主流渠道查找。还要注意的是，不论从任何渠道获得数据，都有必要对其真实性与客观性进行审慎的检查。

2. 确保足够的情境支撑

践行"用户中心"原则需要秉承的一个重要的细节性原则是，时刻确保在情境（行业中也经常称其为场景）中思考和看待用户的需求与产品的价值。任何产品的任何属性的价值，都只体现于具体的情境之中。同样一个产品，更换到另一个情境，其存在价值就可能会发生改变。以审美价值为例，一个产品在一种文化环境中被认为是美的，换到另外一个文化环境，就有可能被认为是不美的。

因此，在对不同竞品之间的差异进行比较的时候，必须时刻确保将情境因素纳入思考视野。且要以图文并茂的方式，充分呈现基于情境的产品用例。

第 4 节　干系人

干系人（行业中也常称之为"利益相关者"），即，参与产品（包括服务）的使用与体验的所有关键性人物或组织。目标用户是产品设计的首要依据。但在实际情况中，除了目标用户，要想实现真正的产品成功，在后续的"用户调研""痛点分析""创建解决方案"环境中，还必须要顾及干系人的要求、利益和影响，尽可能为他们提供理想的价值。为此，需要在"理解项目背景"环节，对"干系人都有谁？"这个问题给予明确的回答。

一、干系人调研综述

以网购平台设计为例，关键的干系人包括卖家、买家以及物流企业。如果在设计过程中忽视了对"物流方"利益、需求和影响的考量，首先，就很可能会遗漏用于服务"物流人员"的相关功能操作的设计，这必然造成物流工作的低效甚至是断路。其次，还可能遗漏对于物流信息的显示设计，这又会让买家和卖家无法及时查看物流信息，从而造成困扰。

若想避免以上问题的出现，就要在后续的"用户调研"和"痛点分析"环节中，通过对干系人在项目中的利益与影响的分析，发现干系人的痛点（需要），并据此进行产品设计，为干系人提供尽可能理想的价值。

为此，在"理解项目背景"环节，首先要做的一项基础性工作就是，通过调研，确切掌握"干系人都有谁"。调研工作通常可以分为如下两个过程进行。

过程一：向甲方询问"产品的干系人都有谁"。有些时候，甲方未必能以"用户中心""产品思维"等专业视角对产品干系人做出周详的认识。为此，就需要开展第二阶段的调研。

过程二：根据对项目诉求和对产品本身的理解，通过行业调研、文献调研、专家访谈等方式，对产品可能涉及的干系人进行更全面的掌握。

在调研过程中，需要对所获得的信息进行详尽记录，并以如图8-3所示的"用户旅程图"的方式，对每个干系人与产品之间的具体关系给予明确和可视化的呈现。调研结束后，要将上述内容尽快整理归档，并配以必要的文档说明（如下文所述的"干系人分类"）。

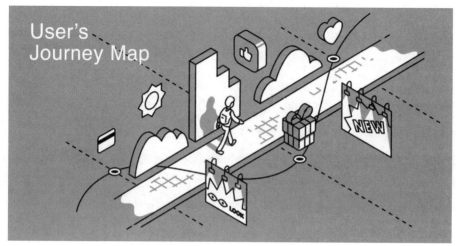

图 8-3　用户旅程图

二、干系人分类

产品涉及的干系人可能有很多，在罗列出众多干系人之后，我们需要对其进行分类，确定他们在产品使用过程中的角色特征。这既能让我们对干系人的分析更有条理和逻辑性，还能为提高"用户调研""痛点分析""设计解决方案"的实践效率起到重要的帮助作用。

通常情况下，大部分产品都会牵涉到如下几类干系人，可将此作为整理干系人分类的基础性参考。

（1）投资方。即，为项目提供资金、实物或是技术支持的人或组织。

（2）采购者。即，产品的实际购买人或组织。在很多时候，采购者同时也是用户。但也有一些时候，采购者并不是用户。比如纸尿裤的采购者是妈妈，而用户是她的孩子。

（3）用户。即，产品的实际使用者或组织。

（4）影响者。即，对产品的策划、设计到投产、上市整个过程中施加正面或负面影响的人或团体。

（5）合作者：其中包括广告商、代理商、渠道商、零售商、物流商、配件供货商等。

（6）其他干系人。即，与产品有其他直接或间接关系的个人或组织，如产品研发团队、行政部门、媒体机构、行业协会、竞争对手。

三、调研方法

特别是对于初学者，时常会对相关干系人缺乏足够的敏感性，从而导致调研工作无从下手，或是调研的疏漏。为此，再介绍如下两种查找干系人的基础性思路，以供参考。

1. 根据"正面利益驱动"查找干系人

逐利，是人性的基本表现之一。相应地，如果项目的运作或产品的使用与行销等过程能让某些人获得某种形式的利益，那么这些人就很可能成为干系人，如投资者、合作者等。这就是根据"正面利益驱动"查找干系人的基本依据。

通常情况下，可基于以下两个维度开展调研。

第一个维度：时间阶段。即，根据过去的利益、现在的利益与未来的利益进行分阶段调研。

第二个维度：利益类型。如经济利益、声誉利益、职位晋升，以及与某种价值观构成联系的利益等。

2. 根据"负面影响排查"查找干系人

有些时候，一款产品满足了一类人群的某种需求的同时，还会对另一部分人群的某种利益构成某种形式的负面影响。比如，汽车在满足了出行者的需要的同时，其造成的污染就有可能伤及某些其他群体的利益。因此，这部分有可能被污染所伤及的群体就自然成为汽车设计过程理应顾及的干系人。这也就是根据"负面影响排查"查找干系人。

第 5 节　商业诉求

如第1节已经指出的，掌握目标用户，是"理解项目背景"的核心。同时还要注意到，对于任何一个准备筹划某产品的组织或个人，上述原则无疑都是正确的。但是，与慈善机构、公共服务机构等其他组织所不同的是，对于一个企业而言，发起任何一项产品研发项目的基本目的都在于达成某种商业诉求（实现企业发展和经济盈利）。离开了这个前提，存在再多、再明确的目标用户，都是没有意义的。这也就是对商业诉求进行调研的重要性所在。

对商业诉求的调研，通常包括以下两个任务：第一，对战略诉求的调研；第二，对战术诉求的调研。

一、战略诉求

战略诉求（Strategy），即在一个较长的时间段内（十年、几十年或上百年）恒常不变的目标。这一目标通常由如下三个要素组成。

1. 使命（Mission）

一个真正具有影响力的企业，往往都有超越金钱的追求，这就是使命，也是企业的终极目标。正因这种使命的存在，才会让怀有或认同这一目标的人聚集到这个企业，并从中获得自我认同感、成就感。

2. 远见（Foresight）

基于使命，企业往往会从更高、更深、更全面、更客观、更独特的视角，预见到某一特定领域在未来可能会遵循的发展方向。这也就是企业对某一行业的前瞻性理解。

3. 愿景（Vision）

根据上述前瞻性理解，企业必然会制定出相应的差异化竞争策略，并对企业的成长模式、路径，以及在未来不同阶段中的市场角色和所能表现出的社会形象、影响力的具体样貌给出规划。这也就是对怀有共同使命感的人聚到一起所要做的具体事情的规定。即，对企业能做什么、不能做什么的规定。

由以上三个要素构成的战略诉求一旦建立，在理想的状态下，企业所做的一切具体工作（包括下文讲到的战术诉求），都应是围绕战略诉求而运行的。

此外，从理论上讲，具备"体验思维""用户思维""产品思维""人性研究"等专业视角的设计团队，理应参与到企业战略诉求的制定中。但在实际工作中，到目前为止，设计团队参与制定战略诉求的情况还并不多见，所以，在大多数情况下，主要还是需要依靠与甲方的深入交流来获得其战略诉求的信息。

二、战术诉求

企业的各种战术诉求（Tactics），是战略诉求落实到实践层面的具体表现。其中包括产品研发的战术诉求、员工招聘的战术诉求、企业环境建设的战术诉求等。在任何一个面向产品研发的战术诉求中，通常又都包含以下两个主要因素。

1. 产品定位（Product Positioning）

所谓产品定位，即用一个怎样的具体产品来满足目标用户的哪些具体需要。就逻辑上来说，显然需要先确定市场定位（即服务于哪些目标用户），然后再进行产品定位。但在具体的调研过程中，也有可能在第一次接触甲方时，甲方就先对其"产品定位"的预想进行表述。只要调研人员在心中时刻清楚以上逻辑就可以了。

此外，"产品定位"既需要以"竞品分析"为基础，也要结合对企业自身优势的考量。进行"产品定位"的常用工具，与进行"竞品分析"的常用工具（见本章第3节）大抵相同。

还要指出，对"产品定位"的确定，并不会止步于"理解项目背景"环节。因为，后续进行"用户调研"和"痛点分析"的过程中，还需要根据对用户需要的更深入理解，对现有定位中存在的不妥进行修正和更精准可行的定位。

在本环节进行"产品定位"调研的目的，只是在于了解甲方的预想，并将此作为后续与甲方就"产品定位"进行更深入交流的基础。

2. 商业预期（Business Expectations）

所谓商业预期，即企业对产品研发项目所能收获的商业绩效进行的预判和期望。这种商业绩效，既可以是对企业发展所做出的战略性贡献，也可以是一定阶段内所收获的经济利润。

通常情况下，对于一个完整的新产品研发项目来说，必须基于上述"产品定位"，对其所能带来的"商业预期"进行明确规划，首先，是产品需在目标市场占据怎样的地位；其次，是产品在营销中应收获怎样的利润；再次，是产品在市场竞争中应表现出怎样的优势。

第九章
用户痛点调研

在本环节，将在具体项目所指向的大致的产品需求方向上，通过对已在上一环节确定的目标用户和相关干系人的深入调研，获得对用户和干系人之痛点（需要）的洞见，并形成结论性文档（通常是Word或PPT形式的文档），以此作为下一个实践环节——"设计解决方案"的工作依据。

第1节 用户痛点调研综述

作为讲述用户痛点调研实践的铺垫，本节将阐释如下三个基础性问题：第一，什么是用户痛点？第二，痛点调研的基本思路与调研方法是怎样的？第三，痛点调研的过程是怎样的？

一、什么是用户痛点

所谓痛点（Pain Point），就是用户在达成任务目标的过程中遇到的种种阻力。这些阻力要么会降低用户达成任务目标的效率（即让用户付出更多的体力、认知、时间等代价），要么甚至让用户最终根本无法达成任务目标。

比如，用户要达成的任务目标是从A地出发，尽快移动到B地。由于有一座大山矗立在途中，用户不得不绕道而行，或者是翻山越岭。与直线移动相比，绕道而行或翻山越岭都需要多耗费一倍的时间。因此，希望消除大山的阻隔，就成了用户的痛点。

又比如，定期清洗头发，是大家都要做的事情。但在洗发过程中，头皮屑并不是很容易被彻底清洗掉。因此，希望能高效去头屑，就成了用户的痛点。

对于产品研发活动，所有的这些痛点，也就是商业机会。比如，可以修建隧道，以消除大山的阻隔。又比如，可以研制去屑洗发水，解决去屑难的问题。这些，就是针对痛点的解决方案。

最后，还要指出的是，除了像"希望消除大山的阻隔""希望能高效去头屑"这样的"可利用"性痛点外，同样要关注"易用"性痛点、"审美"性痛点、"符号"性痛点的存在。

二、痛点调研的基本思路与方法

痛点即达成任务目标的过程中遇到的阻力。也就是说，痛点，是基于如下两个事实的存在而存在的：第一，用户希望达成某种任务目标（Motive），如希望从A地尽快走到B地；第二，为达成任务目标而开展的实践行为并不一帆风顺，即遇到阻力（Hinder），如需要耗费大量时间绕过一座山，才能到达B地。因此，为了让实践行动变得一帆风顺所必须要做的事（如需要消除大山的阻隔）就是痛点。

根据以上逻辑不难发现，用以发现用户痛点的"基本思路"有以下三个方面。

首先，确定用户希望达成的任务目标是怎样的。

然后，再看看用户为达成该目标所采取的实践行为是什么，以及该行为是否顺利。

最后，如果不顺利，就要找出不顺利的原因，这也就是痛点。

从调研的实践方法层面看，为了完成上述三个调研任务，通常需要用到的"调研方法"包括用户画像、访谈、观察和5WHY（连续追问）法。本章第4节将详细讲述这些方法。

特别需要注意的是，对于对用户痛点的调研，践行上述的调研"基本思路"是根本，各种具体的"调研方法"只是手段。所以，有效的调研工作，需要时刻沿着上述思路，不断接近需要发现的内容（任务目标、实践行动、行动中存在的阻力）。至于使用何种方法，以及如何使用这些方法，因不同调研者的习惯会有所不同，因不同的调研对象和不同的调研条件也会有所不同。因此，需要根据具体情况，灵活组织和选用这些方法，而没有固定的套路和必须遵守的规则。

要知道，即便是没有接受过任何关于调研方法的训练，说实话，根据调研的"基本思路"，通常情况下也能出于本能地使用所谓的"访谈""观察""连续追问"（5WHY）等方法实现调研目的。

此外，对于实现调研目的，任何单一的调研方法都有自己的局限性。当发现某种方法不足以帮助接近需要发现的内容时，也会本能地换用另一种方法，或结合某几种方法去接近目标。这都是很自然的事情。所以，虽然在（本章第4节）讲述调研方法的时候，只能一个方法一个方法地讲，但在实践过程中，一定不能生硬地一个方法一个方法地用一遍，并期待这样就能获得想知道的信息。

然而，不论是在初学者之中，还是在已有一定工作经历的实践者之中，经常存在重"手段"轻"思路"的情况。虽然很难确切知道造成这一情况的所有具体原因，但特别是对于初学者，导致该情况的一个很重要的原因是，出于对满足学习成就感的希望，往往会热衷于对各种调研方法及其细节技巧（如如何进行摄像记录、如何签署隐私保护协议等）的学习。这会让学习者因感觉掌握了越来越丰富的知识而获得持续的满足感。但这种对于学习"末节性知识"的一味沉迷，会让沿着"基本思路"灵活选用、组织调研方法的意识被不断削弱，甚至导致在实践中把"将这些调研方法逐个用一遍"当成调研实践的目的。这显然是误把"末"当成了"本"而造成的舍本逐末。

三、痛点调研的过程

一方面，就像我们都知道的，若想深刻掌握一个人在某个方面的偏好或某个举动的真正原因（如"她喜欢什么样的男孩"或"为什么他的学习成绩提高缓慢"），总要先设法接近这个人、认识这个人，和其建立起熟悉的关系，并在该过程中对这个人的生活状态、性格特征以及近况等方方面面形成一个大致的了解，然后，才可能较准确地对其偏好进行预判，或知道其某个举动的确切原因。相应地，如果说对用户痛点所进行的调查研究也会大致经历这样两个过程，显然是无可厚非的：过程一，理解用户，即，接近用户，掌握其各种基础性的属性信息，进而深入理解用户的心理与行为特征；过程二，痛点分析，即基于对用户特征的掌握，对某一具体行为范畴中存在的痛点进行分析。

另一方面，如果将"用户痛点调研"拆分为如上所述的在逻辑上前后相继的两个过程来进行表述，通常情况下大家会感觉这样会更便于理解、便于教学、便于在实践中操作。可能正是出于如上原因，在很多不同种类的设计思维理论体系中，时常会将本章所讲述的"用户痛点调研"，拆分为"用户调研"和"痛点分析"这样两个独立的实践环节分开讲述。

但是，在实际的痛点调研实践中，并不是如此简单的线性工作。如果将"用户痛点调研"拆分为"用户调研"和"痛点分析"两个过程来讲述，不论是对于理解、教学，还是在实际操作中，都会存在两个问题。

问题一：如果将"用户痛点调研"拆分为"用户调研"和"痛点分析"两个过程来讲述，则需要在"用户调研"环节讲述用户调研实践流程与方法，如"观察→访谈→用户画像"，以此为用户调研提供框架性的指导。还需要在"痛点分析"环节讲述痛点分析的工具，如"同理心分析工具""用户旅程分析工具"等。但这样一来，就会出现一个问题，对于第一个阶段（用户调研）而言，"观察→访谈→用户画像"所提供的只是对实践流程与方法的指导，而并未提供对实践目标的指导。而实践目标的缺席，往往会让"用户调研"进行得有些漫无目的。如此一来，在后续的痛点分析阶段，不论使用什么工具分析数据，都会发现之前的很多甚至大部分调研数据用不上，甚至还要重新进行用户调研。

问题二：对用户痛点进行调研的整个过程，尽管大致上可以被描述为前、后两个阶段，即用户调研阶段（获取用户数据）→痛点分析阶段（对数据进行分析）。但是，一旦开始展开实际的调研实践就会发现，这两个阶段并不是泾渭分明的，而是对用户有了一定程度的了解后，就已经可能在观察或访谈的过程中洞见到某些痛点。只是说，在相对靠前的阶段，会以接触、了解用户为主，在相对靠后的阶段，会以分析、思考和总结痛点内容为主。因此，将"用户痛点调研"表述为"用户调研"和"痛点分析"两个过程，并不完全符合真实的调研情况。

当然，对于已经从一些实践项目中获得了一定实践经验的从业者，以及具有较强领悟力和敏感性的学习者来说，上述的问题可能根本就不是问题，至少可以自行将这些问题妥善消化、解决。但是，为了能最大限度帮助学习者规避上述问题，也是为了最大限度还原和反映实际的调研过程，经过反复思量，作者决定还是要在对以上问题给予澄清的前提下，将"用户调研""痛点分析"整合为"用户痛点调研"这一个环节来进行表述，并将本章的后续内容安排如下。

在第2节，先介绍常用的"痛点分析工具"。以此在实践目标层面，为整个用户痛点调研过程提供实践的方向。

在第3节，介绍"痛点调研的过程"。以此在实践的操作流程层面，为整个用户痛点调研过程提供实践的步骤性框架。

在第4节，介绍两种常用的"用户调研方法"。以此为整个用户痛点调研过程提供实践方法的支持。

第 2 节　痛点分析工具

如第1节所指出的，在"用户痛点调研"过程中，痛点分析工具会起到两个作用：第一，在调研的最后阶段，作为对痛点信息进行分析、洞察、汇总的框架，即为总结性文档的核心内容提供框架；第二，作为整个用户调研过程的目标性的指导，即在与用户进行接触之初（不论是使用访谈法还是观察法），就应瞄准最终的痛点分析框架（根据具体选用的痛点分析工具而定），并带着结构化的意识导向去了解用户。但同时必须注意的是，这并不意味要手里拿着痛点分析的工具表格，机械地、僵硬地按照上面的项目去访谈用户、观察用户。特别是在调研的一开始，通常需要以自由、开放的方式对用户进行非结构化的接触和了解，只要在意识中时刻清楚最终的结构性目的，并让看似自由、随意、松散的信息总是能向最终的那个结构性目的汇集就可以了。

本节为读者介绍三种最为常用的痛点分析工具。

一、同理心地图

1. 什么是同理心

由于基因传承、成长阅历、知识背景等因素的不同，即便是面对同一事物，不同人的感受、认识、判断通常会大相径庭。也正因如此，我们的想法、感受，不能代表用户的想法、感受。但是，通过设身处地地去体验用户所处的环境和需要完成的任务、倾听他们的心声，我们就会产生与用户相近的心理活动，并体验到相近的感受。这种将自己置于他人的情境之中，并能理解或感受他人在其情境中所经历的事物，体会和理解他人的情绪、想法与逻辑，并站在他人立场思考和处理问题的"同情感"，就是同理心（Empathy）。

对于产品设计者，与用户之间建立起有效的同理心，且秉承"用户中心"原则创建符合用户需要的产品设计所具有的重要作用是不言而喻的。特别是在最近几年，"同理心"已经成为产品创新和用户体验设计行业的流行词。几乎所有践行"用户中心"原则的创新团队，都在尝试做基于同理心的产品设计。然而，要想真正建立有效的同理心，并不是一件容易的事。到目前为止，还没有任何一种方法可以保证设计者能与用户之间建立确切无误的同理心。但现有的实践经验证明，以下所讲述的同理心地图，至少可以为建立同理心和在此基础上掌握用户痛点，提供一个有效的调研与思考框架。

2. 什么是同理心地图

将访谈、情境观察等调研过程中从用户角度去感受和体验到的用户情绪、想法、立场和感受，以图表的方式呈现出来，就可称为同理心地图。在创新体验设计领域，同理心地图的种类千差万别，从布局格式到表现形式都没有统一的要求。既可以用手绘方式来制作同理心地图，也可以像NN／G公司那样以更为正规的方式来呈现。但建立同理心地图的目的，几乎都是相同的：第一，帮助设计团队理解用户；第二，便于设计团队就用户遇到的问题进行可视化交流。第三；向甲方展示调研成果，并让甲方确认设计项目所要解决的用户痛点；第四，为"设计解决方案"的实践提供切实的着力点。

如图9-1所示，提供一个同理心地图模板，供学习者参考。最上方是同理心地图的主题；下面的主要区域分为所说、所做、所想、所感四个象限，中间是用户角色；最下方的两个区域记录用户的痛点和需求。

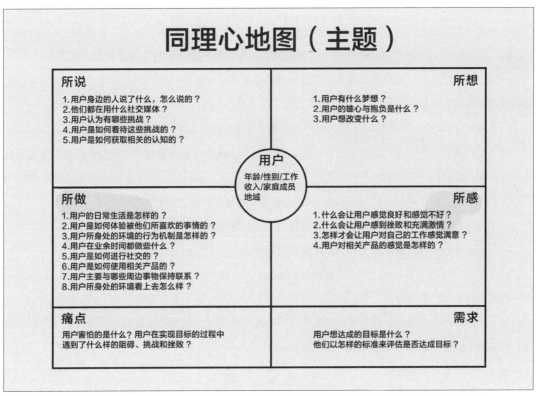

图 9-1 同理心地图模板

3. 经验

在对用户痛点进行调研的整个过程中，在每一个调研步骤结束时，都应将新的调研信息整理进同理心地图，并思考以下五个问题。

第一，我们对于用户的认知，哪些是正确的，哪些又是偏见？

第二，根据新的调研情况，之前的研究存在哪些问题？

第三，在新的调研中，发现了哪些用户自己都没有意识到的问题或需要？

第四，是什么驱动了用户会这样去说、这样去做和这样去感受？

第五，在获得的信息中，哪些信息能为新产品的设计提供启发？

二、用户旅程图

1. 什么是用户旅程图

我们生活中所经历的每一件事，都可以被看作一个旅程。这个旅程可能持续几分钟、几天或者几年。相应地，我们可以针对任何一个这样的旅程，绘制出一个用以描述我们在该旅程中各个阶段体验情况的旅程地图。

在我们所经历的所有事情中，就包含着使用各种产品的旅程。而所谓的用户旅程图（Customer Journey Map），也就是用以描述用户在使用产品的不同阶段所表现出的行为与体验情况的图表。

一张相对细致的用户旅程图，通常会包含如下组成要素（根据不同项目的具体需要，旅程图中所包含的要素会有所不同）。

（1）用户体验阶段（时间线）。即，用户与产品（服务）进行互动的宏观阶段。

（2）用户体验步骤。与用户体验阶段相比，用户体验步骤表达相对微观的在各个体验阶段中所经历的具体步骤与流程，其中包括对各细节用户行为、想法的描述。

（3）接触点。即，用户与产品（服务）进行互动所依托的各个交互媒介。

（4）用户痛点。用户的实践行为中存在的阻力（见本章第1节）。

（5）体验指标。即，用以量化评估用户体验的指标。

（6）用户的体验预期。即，用户希望获得的体验效果。用以和痛点形成对比。

最后，对于用户痛点分析，用户旅程图所起到的主要作用有以下几个方面。

第一，展现产品（服务）在各体验环节表现出的优势和问题。从而帮助研究者审视用户与产品（服务）互动的全过程，避免对局部体验的孤立关注。

第二，辅助建立同理心。

第三，为改进现有产品提供设计启发。

第四，以可视化的方式展现调研数据，为设计团队成员之间的沟通及与甲方间的沟通提供方便。

第五，与同理心地图一起，为整个用户痛点调研过程提供目标性指导。

2. 用户旅程图的布局

只要能让用户旅程图提供上述五种价值，至于图表的布局以及绘制风格，没有统一标准。纵观各式各样的用户旅程图，除绘制风格不同，其布局区别的本质，大致在于如下两点内容。

第一，旅程图中需要包含哪些组成要素。

第二，如何布局时间线（即体验阶段）。较常见的情况是，将水平轴作为时间线，在纵轴上排列各组成要素。但这并不是必须遵循的方式。当然，如果所需要包含的组成要素较多，以"横轴 – 时间线，纵轴 – 要素分类"的方式进行布局，通常会比较容易形成清楚的视觉表达效果。如图9-2所示，给出一个用户旅程图模板，供读者参考使用。

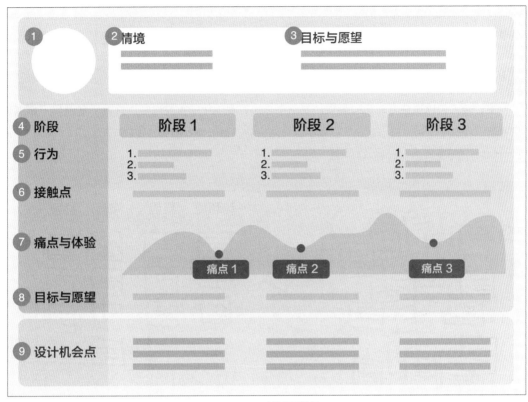

图 9-2 用户旅程图模板

其中，"1"是用户照片，"2"是对情境的描述，"3"是对用户的目标和预期的描述，"4"是对不同行为阶段的描述，"5"是对各行为阶段中具体动作的描述，"6"是对用户与产品之间触点的描述，"7"是对使用产品过程中遇到的痛点和体验情况的描述，"8"是对不同行为阶段所持有的目标和预期的描述，"9"是对设计机会点的描述。

3. 经验

（1）建立用户旅程图的常用步骤

通常可以采用以下步骤建立用户旅程图：第一，按时间顺序，为各体验阶段填入用户的任务目标和相应行为；第二，写入用户的体验感受和想法；第三，写入用户的痛点；第四，分析设计机会点。

（2）优秀的用户旅程图是怎么样的

一个好的用户旅程图，可以像讲故事一样，清楚、生动地展现用户与产品（服务）互动的全过程。其中会包含对用户的目的、行为、情感体验以及痛点的真切和丰富的呈现。很显然，在调研过程中有效建立起与用户之间的同理心，是创建优秀用户旅程图的关键。

（3）以体验事实为依据

用户旅程图的创建，必须以用户的真实体验过程为基础，而不能是出于设计者的主观想象。在"理解项目背景"阶段，也可以使用用户旅程图作为目标用户调研和竞品分析的辅助工具。只是在"用户痛点调研"阶段，必须对之前的用户旅程图中的内容进行核查、修正和补充。

三、从亲和图到思维导图

分类，是人类以理性方式认知事物，并从中总结客观规律的重要途径。这对于掌握用户痛点也是一样的。在整个"用户痛点调研"过程中，要随时将获得的痛点信息，按照"可利用""易用""审美""符号"四个属性类，如图9-3所示。

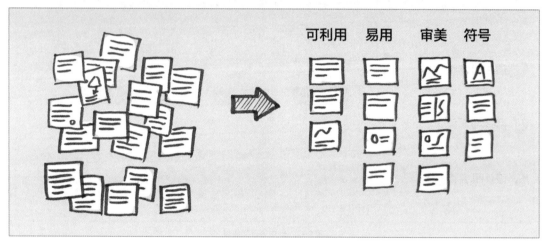

图9-3　从杂乱信息到分类信息

还需要注意的是，在上述四个大类中，仍然可以进行更细致的分类。比如，如图9-4所示，用户在使用车载交互系统过程中所获得的审美体验，就可以再细分为如下几种类型：第一，整体视觉审美体验；第二，中控界面给予的视觉审美体验；第三，仪表台界面给予的视觉审美体验；第四，从交互声音中获得的听觉审美体验；第五，触觉审美体验；第六，在交互行为中获得的行为方式方面的审美体验。

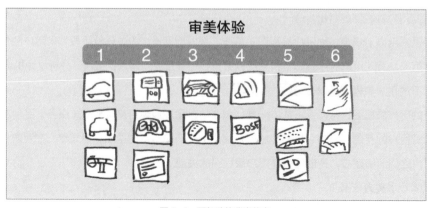

图9-4　更细致的分类信息

此外，为了提供更好的视觉表现效果，还可以将以上亲和图转化为思维导图来呈现，如图9-5所示。

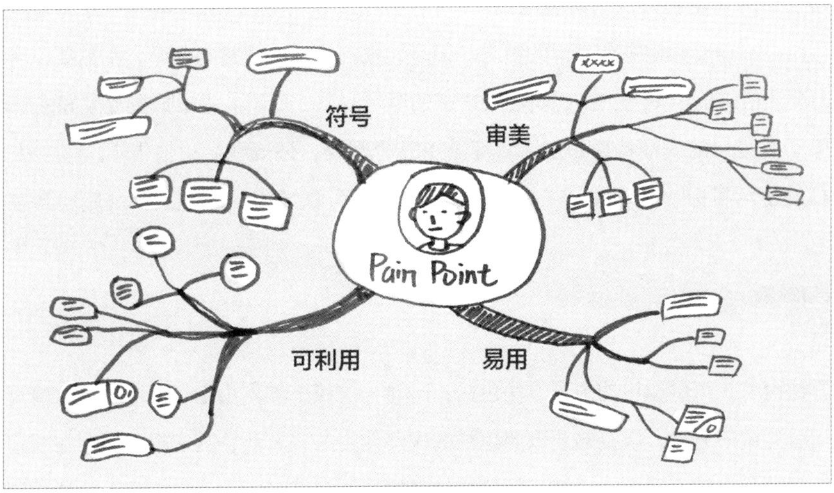

图9-5 思维导图

第3节 痛点调研的过程

其实，本环节的调研行为，是对之前掌握的"目标用户"信息（见本篇第八章第1节）所进行的再次确认、纠正和补充。即，在该步骤结束时，应将所有调研信息汇总为1至5个详尽的用户画像。每个用户画像应包含如下信息：用户的人格特征与生活目标（包括关于某个产品方向的行为目标），以及相应的行为任务、痛点。本节将分别介绍对这些信息进行调研的具体过程。

一、理解用户的人性特征与生活目标

1. 概述

理解用户的人性特征与生活目标，通常需要经由以下两个步骤来完成。

（1）对用户的基础性信息进行调研

该步骤的工作目的，是为下一步提炼用户的人性特征与生活目标积累基础性的数据。为准确把握用户的人性特征与生活目标，除了年龄、性别等这些基本信息，还需要对以下用户信息给予详细调研：成长经历、教育背景、家庭背景、经济状况、职业背景、工作经历、价值观、品位偏好、审美偏好，以及其他有助于反映其人格特征与生活取向的信息。

需要注意的是，在总结和绘制用户画像时，除了要以图文并茂的方式对上述信息进行定性描述，最好辅之以真实、生动、具体的"用户故事"作为附加说明。这对于深刻理解用户，并为下一阶段的调研提供扎实基础和启发后续的设计灵感具有重要作用。

（2）从用户的基础性信息中，提炼出用户的人性特征与生活目标

首先，特别是对于定性数据的整理与提炼，在这一过程中，势必需要主观思考与分析的介入。因此，我们不可能也不需要回避主观意识的参与。但是，任何主观的思辨与判断，都需要以客观的数据作为支撑。即，要让最终的结论与数据之间形成紧密的逻辑联系，而不能是根据主观偏好的臆断。

其次，除了对用户的人性特征和生活目标给予充分阐释，还要在结论报告中，以"人性特征→生活环境→整体性生活目标→关于某一产品方向的行为目标"的方式，体现出"由底层到表象"的推演逻辑。

2. 方法与经验

（1）方法

就调研方法而言，可供选用的主要方法包括：一对一访谈、焦点小组、情境观察、情境访谈。至于具体需要选用哪些调研方法，以及需要依照怎样的次序使用这些方法，其实根本不存在固定套路和需要遵循的原则。只要是有助于真实、详细了解目标信息的方法或工具，均可根据个人习惯、团队习惯和项目的周期限制条件等具体情况而灵活选用。

下一节将详细讲述上述方法的具体内容与使用技巧。

（2）经验

特别是对于价值观、品位偏好、审美偏好这些具有较强抽象性的信息，要想客观、准确地掌握并非易事。因为用户通常不会以理论的态度对这些内容进行自省，也可能会出于某些原因不愿意讲出真实想法，还可能只是针对当时特定的访谈情境、心情而做出的并不反映长期行为特征的暂时性表述。因此，向用户直接询问这些信息，经常会无功而返。

相比较之下，对用户及其生活的环境进行默默观察，往往会收到更好的效果。比如，看看他（她）们的书架上摆着什么书、经常订阅什么专栏、喜欢使用什么商品、经常和什么样的人交往、在休息的时候什么事情会让他（她）们感到开心、希望度过怎样的周末等。这些，都是真实映射其价值观、品位偏好和审美偏好等内隐信息的蛛丝马迹。

二、理解用户的任务

1. 概述

基于对用户人性特征、生活目标、面向某产品方向的行为目标的理解，在该过程中，需要继续聚焦于特定的行为范围（如用户使用车载交互系统的行为），并对该行为的内容与意义形成深入理解。这既可以为掌握用户痛点提供基础，同时还有可能从该调研中直接获得设计启发。

通常可经由以下两个步骤完成该工作。

（1）掌握表层需要（这可为下一调研过程中掌握用户痛点提供基础）

在该步骤中，需要通过调研来掌握的核心内容是，在用户看来，通过该实践行为能够获得哪些益

处。即，为什么需要开展该实践活动（如为什么要使用车载交互系统）。

一般情况下，可通过两轮调研来完成本步骤的工作。

第一轮：非结构性调研。即，以开放性的问题，向用户询问通过该实践行为所能获得的益处都有哪些。在调研结束后，按照"可利用""易用""审美""符号""其他"五个需求维度，对调研信息进行分类整理。

第二轮：结构性调研。即，对第一轮调研未涉及的需求维度进行再次调研，并将这些信息补充完整。

最后，将所发现的所有这些"益处"按照需求维度进行分类汇总，并以图文并茂的方式阐释每一个"益处"的内涵，形成调研报告。

（2）掌握深层需要（这可能会直接提供设计启发）

在该步骤中，需要深入到"实践行为为用户带来的益处"的背后，去查找与每一种"益处"相连接的"生活目标"。在调研过程中，通过对此二者之间关系的分析，可能会发现，现有的"益处"未必是实现和满足"生活目标"的最佳途径。这也就是设计实践的机会点。

比如，用户从小就怀有当战斗机飞行员的梦想，但未能实现。由于汽车内的"抬头显示系统"能在一定程度为用户带来驾驶战斗机的感觉，因而用户非常喜爱使用这套车载交互系统。如果上述情况代表着一个特定用户群的共同需要，那在后续的设计环节，一来，可以考虑通过界面设计让"抬头显示系统"提供更为真切的驾驶战斗机的感受；二来，除了"抬头显示系统"，也可以考虑以其他元素（包括车载交互系统以外的内饰元素，甚至外饰元素）为载体，通过设计为用户提供不同层面的与驾驶战斗机相像的感觉。

2. 方法与经验

（1）方法

同上一个调研过程。

（2）经验

首先，对于第一个调研步骤（掌握表层需求），通常可以向用户提出以下问题，来掌握与某行为相关的表层需求："你为什么要使用某功能（或产品）"，或者"通过使用某功能（或产品）给你带来的最大好处是什么"，又或者"您觉得某功能（或产品）的主要作用（或价值）都有哪些"。

其次，对于第二个调研步骤（掌握深层需要），通常可以借助"连续追问"法，来了解某表面行为与深层价值观或生活目标的关联。比如如下方式。

问：您为什么喜欢这套带有"抬头显示系统"的车载交互设计？

答：因为感觉很酷。

问：那具体是怎样一种酷的感觉呢？

答：因为有点像战斗机的驾驶舱。

问：为什么像战斗机的驾驶舱就会感觉酷呢？

答：因为我喜欢战斗机。

问：为什么喜欢战斗机呢?

答：我从小有个梦想，当战斗机飞行员。

问：哦，为什么有这个梦想?

答：我觉得可以保卫祖国的天空，这是很有意义的。

再次，有一部分用户对自己的世界观、价值观和人生目标有着清楚的认识，并正是基于这种认识才目标明确地选用某种商品和开展某种行为实践。在这种情况下，很有可能在第一个调研步骤（掌握表层需求）中，用户就会情不自禁地说出某种行为与其生活目标甚至是价值观的深层关联。所以，上述两个调研步骤并不是固定的，只供读者参考。只要对与两个步骤相关联的调研任务时刻保持清楚的认识就可以了。

三、理解用户的痛点

1. 概述

在该过程中，需要基于对用户特定行为的内容与意义的理解，通过进一步调研，去发现隐含在行为中的痛点，即行为实践中遇到的阻碍。

通常可经由以下两个步骤完成该工作。

（1）从行为整体入手，发现痛点

首先，向用户询问"对某产品使用行为的整体感觉如何"，并在调研结束后，将用户反馈的信息按照"可利用""易用""审美""符号""其他"五个体验维度，进行分类整理。

之后，对上次调研中未涉及的体验维度，进行再次调研，并将这些信息补充完整。

然后，针对用户反馈不好的体验内容，进行追问、观察、参与体验和思考，直至发现导致不良体验的原因，即痛点的全部具体内涵。

最后，将调研信息汇总于本章第2节介绍的痛点分析工具之中。

（2）从与行为相关的"益处"入手，发现痛点

首先，针对在上一个调研过程发现的每一个与产品使用行为相关联的"益处"，向用户询问"通过使用产品，对于这一'益处'的满足程度如何"。

然后，再针对每一个不佳的用户体验，进行追问、观察、参与体验和思考，直至发现导致不良体验的原因。

最后，将调研信息汇总于本章第2节介绍的痛点分析工具之中。

2. 方法与经验

（1）方法

同上一个调研过程。

（2）经验

通常情况下，与"焦点小组"和"一对一访谈"相比，使用"情境观察"和"情境访谈"方法，会更有助于与用户之间建立"同理心"，并在此基础上更为有效地体会和发现用户的痛点。

对上述各种调研方法的介绍，请参见下一节内容。

第4节　用户调研方法

第3节所讲述的三个痛点调研过程，都需要依托具体的调研方法才能落实于实践操作。本节就介绍两种常用的用户调研方法，以此为调研过程提供实践方法的支持。

一、访谈

1. 访谈及其分类

访谈，是一种通过与受访者（研究对象）进行谈话交流，来掌握和理解受访者物理行为与心理行为的研究方法。访谈活动的形式是多种多样的。"访谈的提问方式""访谈所依托的媒介与空间""访谈的正式化程度""单次访谈的受访者数量"，是用来对访谈实践进行分类的四个主要参考维度。

首先，根据不同的提问方式，访谈可分为以下三种。

第一种，非结构式访谈（Unstructured Interviews）。

也有人将这种访谈称为非标准化访谈或自由式访谈。具体来说，就是事先不设置固定的访谈提纲，只是设置好基本的访谈目的，并提供一个或几个访谈题目来规定大致的谈话内容范围。访谈者与受访者在该范围内进行自由交谈。但必须注意的是，非结构式访谈并不等于漫无目的的访谈。访谈者需始终围绕事先设定好的访谈目的，时刻留意和记录与访谈目的相关的信息，并进行必要的追问。

相较于结构式访谈，非结构式访谈的主要优势在于，由于访谈内容的弹性大、自由度高、气氛轻松，通常会让谈话双方的主动性、积极性、灵活性和创造性得到充分发挥。从而，设计团队经常会从这种访谈中发现某些之前根本没有设想到的信息，如用户的隐性偏好、深层动机、独特的体验维度以及丰富、细微的情感态度。这让非结构式访谈很适用于探测性调查和对复杂行为的理解。

第二种，半结构式访谈（Semi-structured Interviews）。

所谓半结构式访谈，就是依照一个相对笼统的访谈提纲所开展的访谈活动。与非结构式访谈相比，除同样会设置基本的访谈目的与主题外，还会对访谈方式（如需收获多少可进行定量分析的数据）、访谈要点和访谈结果，提出一个粗线条的规定或期望。但对提问方式、提问顺序以及持续时间等细节问题仍不做规定。允许访谈者在实际访谈过程中根据具体情况按需要灵活调整。

第三种，结构式访谈（Structured Interviews）。

也有人将这种访谈称为标准化访谈。即，需要在访谈前制订严密的访谈计划，其中，除对基本访谈目的的明确规定，还需要对访谈问题、问题所对应的细节访谈目的、提问方式、提问顺序和记录方式等所有访谈要素进行高度标准化的规定。与前两种访谈方式相比，由于标准性的存在，使得结构式访谈具有了定量研究的属性和价值。

其次，根据访谈所依托的不同媒介和空间，还可以将访谈分为电话访谈、微信访谈、邮件访谈、会议室访谈、情境访谈。就访谈效果而言，面对面访谈通常要优于非面对面访谈。在面对面访谈中，基于产品使用场景的情境访谈，又要优于普通的会议室访谈。

再说具体些，所谓"基于产品使用场景"，即，在用户使用产品的典型环境，随着用户使用产品的实际过程展开对相关问题的访谈，从中感受和理解用户在做什么、想什么、感受到了什么和遇到的问题是什么。情境访谈通常不需要事先设置好访谈大纲，所获得的访谈结果一般为定性数据，而不是定量的测量性数据。

再次，根据访谈的正式化程度，还可分为正式访谈和非正式访谈。

所谓正式访谈，即在访谈之前做好周密的访谈计划，并提前做好场地布置等准备工作，然后与被邀约的受访者进行访谈。

所谓非正式访谈，通常指研究者去到目标受访群体的典型活动场所，对随机遇到的受访者所开展的访谈活动。由于在非正式环境中，研究者很难对访谈过程和谈话内容进行严格控制，所以在一般情况下，除了既定的基本访谈目的，非正式访谈往往不会做细致的访谈计划。

最后，就"单次访谈中的受访者人数"这个维度而言，主要存在一对一访谈和焦点小组访谈两种访谈方式。

焦点小组访谈也常被称作小组座谈，即招募一组具有相同属性的用户（通常由5至12名受访者参与），主持人以小型座谈会的方式，围绕某个主题或按照访谈提纲与受访者们进行深入交谈，并从中获得对有关问题的深入了解。

与一对一访谈相比，由于参访人数较多，焦点小组访谈主要表现出以下优势：第一，可以快速了解用户对于某产品、服务的群体性态度与印象；第二，可以快速了解用户对某问题或现象的群体性看法；第三，可以为研究主题快速收集代表群体性认知的一般性背景信息，并形成初步的研究假设。因此，通常可以使用焦点小组访谈法对某一研究主题展开初始性探索，为后续的一对一访谈和情境观察的内容设计提供依据。

在用户痛点调研过程中，需要根据不同调研阶段的具体需要，以及具体项目在时间、空间、经费支持等方面给出的具体限定条件，灵活选用上述调研方式。

2. 访谈的操作过程

通常情况下，一个完整的访谈活动会包含以下实践步骤。

（1）确定访谈目的（Purpose）

明确实践目的，是有效开展任何系统性实践活动的前提，访谈调研也不例外。

具体、明确的访谈目的，是选择访谈方式、规划访谈提纲、设计访谈问题等一切后续工作的基本依据。

（2）设计访谈提纲（Outline）

访谈提纲，是访谈目的的具体体现，也是实现访谈目的的行动方案。访谈提纲通常分为三个部分。

第一部分：开场语和暖场活动。其目的在于让研究者、受访者以及受访者之间变得熟悉起来。此外，还需要对访谈目的和访谈形式进行介绍。

第二部分：正式访谈的内容。对于结构性访谈，在该部分，需要根据访谈目的设计提问的逻辑与步骤，以及就具体的问题内容进行访谈。

第三部分：结束语。该部分主要包括答谢语和对可能需要的后续支持的陈述。

（3）招募受访者（Interviewee）

招募受访者，可以和设计访谈提纲同步进行。对于面向产品研发的用户调研，常用的招募渠道有企业员工推荐、员工内部招募、产品用户库、与产品相关的论坛、第三方招募代理机构。

（4）正式访谈（Interview）

在正式访谈过程中，要合理控制访谈节奏。既要让受访者把注意力集中于访谈主题，还要为受访者提供轻松的氛围。在获得受访者同意的情况下，需要对整个访谈过程进行录像和录音，并对受访者的特别情绪反映和肢体语言表现进行记录。

（5）整理访谈结果（Result）

访谈结束后，需要将所有现场笔记和录音内容转录为文档，并将受访者的特别情绪反映、肢体语言表现，标注在对应的语言表述旁边。

（6）撰写访谈报告（Report）

转录结束后，需要对转录内容进行分析，挖掘出访谈信息背后的隐藏价值，并根据访谈目的，对本次访谈的收效进行总结，形成访谈报告文档。

二、情境观察

1. 什么是情境观察

所谓情境观察，就是进入到用户生活或工作中使用产品的典型环境，以亲身体会的方式，深入理解用户的动机、行为、习惯与需要，并针对研究主题，发现需要进一步细化研究的问题（可再通过访谈调研等方式进行深入研究）。

与对访谈的分类相似，根据标准化程度的差异，情境观察也可以分为"结构化观察""半结构化观察""非结构化观察"。此外，根据观察方式的差异，还可将情境观察分为以下三种。

第一种，隐蔽式观察。即观察者站在绝对旁观的位置，在被观察者完全不知情的情况下，对其进行观察。

第二种，告知式观察。即在被观察者知情的情况下，对其进行观察。一般，只有当需要让被观察者完成某种特定任务时才会采用这种方法。

第三种，参与式观察，即观察者参与到被观察者的真实生活或工作实践中，并在该过程中与被观察者一同完成某些特定的任务。这对于帮助研究者更有效地形成同理心显然是有助益的。

在实际的操作过程中，需要根据具体研究目的，灵活选用上述观察方式，或者对其进行组合运用。

2. 注意事项

（1）充分的事前准备

特别是对于结构化观察，除了明确的研究目的，还要对观察时间、观察内容进行详细规定，以便于面向同一研究任务的多个研究者以标准化和统一化的方式同时开展多个不同的观察调研，并以此确保获得高质量的定性、定量数据。

（2）关注环境细节

除对目标用户的行为进行观察，还要对与用户使用产品有关的环境要素进行细致入微的观察，如空间条件、网络条件、设备条件等。一切对用户使用产品造成影响的因素都应纳入观察者的视野。

（3）保持"聆听者"角色

不论是对于访谈调研，还是观察调研，其宗旨都是秉承"用户中心"原则，了解用户，理解用户，进而发现用户遇到的问题与需要。因此，在访谈和观察调研的整个过程中，研究者都要保持自己的"聆听者"角色。特别是在"参与式观察"中，研究者要以学习、合作的态度，体会用户的感受、体验与需求，而不能基于自己的认知、能力、态度，去强势地改变用户或影响用户的常规行为。

第十章
设计解决方案

　　本环节的任务是，针对上一环节中掌握的用户痛点，设计出解决方案，并以图文的方式，形成"设计方案报告"（Word文档或演示PPT），以此作为"产品原型设计"的蓝图。

　　在上一个环节，已将所掌握的痛点信息按照"可利用性痛点、易用性痛点、审美性痛点、符号性痛点"进行了分类。本章就将介绍针对上述四种痛点创建相应产品价值（即设计解决方案）的基础性方法。

第 1 节　如何创建"可利用"价值

　　能帮助用户解决生活或工作中的某种"可利用性（Utility）痛点"，是所有商业产品得以成立的基本前提。

　　在这里，我们以交互产品的界面体验设计为例，"可利用"性解决方案设计，通常需要按照如下四个步骤开展具体的设计实践：1.确定产品情境 → 2.功能与信息设计 → 3.信息功能构架与导航设计 → 4.界面布局与交互方式设计。从实践的逻辑上看，上述四个工作步骤，既是前后相继、环环相扣的，同时也是对解决方案进行逐层细化的设计过程。

一、确定产品情境

　　在之前的两章中已经指出，任何痛点，都存在于特定的情境之中。即任何痛点的具体形式和内容，无不与所在情境中的某些元素相关联。因此，若想创建能切实弥合用户痛点的解决方案，就势必要在开始着手具体的设计实践之前，对所有相关的情境因素进行周详的考量，并据此绘制一张情境示意图，如图10-1所示。这将为思考如下问题提供依据：第一，产品应具备怎样的功能；第二，应以怎样的形式来实现这些功能；第三，常规技术（常规解决方式）无法解决的问题是什么。以界面产品的设计为例，那就是"有哪些问题是无法被屏幕交互所解决的，从而需要用其他方式予以解决"。

　　再进一步看，"确定产品情境"的实践方式包含以下两种可能：第一，不存在对现有情境进行改变的任何空间，所以只能对现有的相关情境因素进行复盘；第二，存在对现有情境进行改变的一定空间，这时，就需要针对用户痛点，在可变空间范围内对新的情境进行设想。当然，除了确定新情境因素，还需要对不可改变的相关情境因素进行复盘、总结。

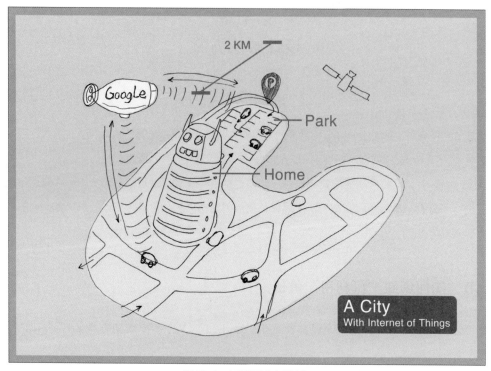

图 10-1　自动驾驶的应用情境

二、功能与信息设计

1. 功能设计

所谓功能设计，就是要对"产品应具备哪些具体的功能"进行详细筹划。

以打车App为例，基于对打车情境的考量，打车App至少需要包含两种客户端界面：第一，用户端界面；第二，司机端界面。在用户端界面中，需要让用户能够设置"出发地"和"到达地"，并且能够进行出租车搜索，能够付费或取消订单等。在司机端界面中，需要让司机能够知道乘客在哪儿、能够接单、能够联系乘客等。

筹划好所有的所需功能后，需要对这些功能要素进行记录，形成"功能设计文档"。除了对功能的文字描述，在文档中，还应尽可能以可视化的方式对各功能点的操作方式给予尽可能详尽地描述。

2. 信息设计

所谓信息设计，就是为配合功能的实现，对所需要的配套信息（包括文字、图片、视频、声音）进行的设计与整理。比如，对于大部分旅游App的"景区介绍"功能来说，通常就需要对描述景区特征的图文信息进行整理和设计。

整理和设计好所需信息后，需要将这些信息整理到"功能设计文档"中所对应功能的后面，从而也就形成了"功能与信息设计文档"。

三、信息／功能构架与导航设计

1. 信息／功能构架设计

所谓信息／功能构架设计，指对功能和信息的组织结构进行的筹划，如图10-2所示。合理的信息构架能够让用户轻松地理解和调用各项产品功能，并能在最短的时间内获取所需信息（如知晓车辆胎压信息），达成任务目标（如完成对车内温度的设定）。

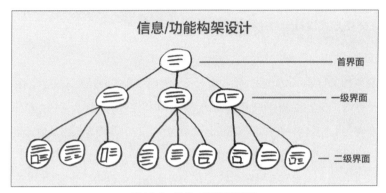

图 10-2　信息／功能构架设计

决定信息／功能构架形式的核心影响因素是：如何能让用户以最为高效的方式完成功能操作，并获取所需的信息。目前，常用的信息构架方式有如下三种，可供读者参考：第一，层级结构（Hierarchy）；第二，矩阵结构（Matrix）；第三，线性结构（Linear），如图10-3所示。在实际的设计项目中，我们需要根据具体产品的功能特点来进行针对性的设计。

图 10-3　常用的信息构架方式

2. 导航设计

所谓导航设计，指根据具体信息构架设计的情况，帮助用户到达不同功能和信息界面的"门径"，如图10-4下方区域所示。一个好的导航设计，能够让用户时刻清醒地知道自己在什么位置，知道下一步可以去哪儿，知道如何返回上一步界面。

图 10-4　导航设计

四、界面布局与交互方式设计

1. 界面布局设计

做好信息／功能构架与导航设计后，就需要对各个界面中所需的元素（文字、图片、按钮、控件等）如何摆放进行筹划，这也就是界面的布局设计（对于实体性产品同样会遇到类似任务，比如开关放在哪儿，旋钮摆在哪儿）。当然，在界面布局设计的过程中，也时常需要根据其他元素的摆放要求，对导航的摆放位置、形状设计等因素进行再次优化。

起初，通常需要在纸上以灵感草图的方式进行对界面布局的设想，如图10-5所示。在设计结束时，则应输出较为规整、详细的设计图，如图10-6所示。至于是以纸面绘制的方式交付，还是以电子矢量文件的形式交付，要根据不同公司、设计团队的具体要求和习惯而定，没有必须遵守的原则。

图 10-5　界面布局的灵感草图

图 10-6　界面布局设计的完成稿

2. 交互方式设计

在进行界面布局的同时，还需要考虑交互方式的设计，即对用户操作各种功能和获取各种信息的具体方式进行规划。在这之中，既包括对触屏交互方式（如点击、缩放、拖拽等）的设计、规划，也包括对其他非触屏交互方式（如实体按钮、实体旋钮、语音识别、手势识别等）的设计与规划。完成以上内容的设计后，需形成详细的设计说明文档（Word或PPT）。

第2节　如何创建"易用"价值

创建"可利用"价值，解决的是"能不能用"的问题。而创建"易用"价值，解决的则是"好不好用"的问题。还是以交互媒介的发展为例，随着创新交互产品研发的竞争不断升级，如今，一般是多个交互产品都在朝向同一个用户痛点发力，以抢夺有限的用户市场。对于这些交互产品而言，具备"可利用"价值已经不是问题，于是，能否提供高质量的"易用"性价值，就成了新的热点竞争领地。

进一步来看，创建"易用"价值的核心任务在于，秉承"用户中心"原则，尊重和考虑到人的思维与行为的习惯、弱点和局限性，通过相应的设计实践，尽可能减少用户的认知及体力成本，让用户能以最高效的方式完成操作任务。这也是"易用"性设计所需依循的总目标。为达成上述设计目标，一方面，需要设计者充分发挥主观的创造性和想象力。另一方面，在各产品领域中，都存在着一定的设计规律可以遵循和参考。本节还是以用户界面设计为例，向读者引介相关的"易用"性设计规律。

一、符合用户既有的操作习惯

对于各种交互方式的设计，一定不要违背用户既有的相关操作经验与习惯，否则就会为用户的操作带来不便和困惑。比如，在用户的经验中，电话的拨号按键通常是按图10-7（左）所示进行排列的。如果设计者别出心裁将按键以图10-7（右）所示进行排列，就会让用户使用起来感觉很不方便，因为这与他们过往的经验和习惯不相符。

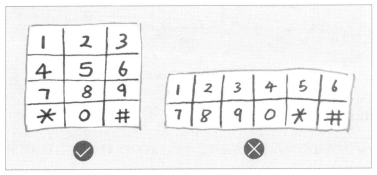

图 10-7　舒适与不舒服的电话按键的设计

二、简单

通常情况下，当人们面临的选择增多时，做出决定所需耗费的时间也会随之增长。因此在能够满足功能诉求的前提下，应在界面设计中给用户提供尽可能少的选择，以此来减少所需耗费的认知成本，如图10-8所示。

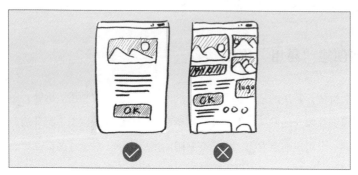

图 10-8　简单原则

三、对相关元素进行"接近"布局

根据格式塔（Gestalt）心理学，人们倾向于将距离靠得较近的元素视为具有相关关系的元素。因此，在对界面元素进行布局时，就应将有相关关系的元素（如功能属性相近，即面向同一功能任务的元素）组织到一个相对集中的区域。从而，让人一眼就能看出这个区域是干这个的、那个区域是干那个的，如图10-9所示。
.

图 10-9　"接近"布局

四、建立防错机制

为帮助用户尽可能规避操作的失误，应通过主动的设计行为，建立具有防错机制的交互操作方式。比如，可以对注册页面进行如下设置：必须填写完所有必要信息，页面底部的注册按钮才会变为可点击状态。这样就可以帮助用户规避因漏填信息还要日后进行补录的麻烦。

五、电脑能做的事情就不要交给用户做

基于数据库调用、信息识别等软件技术的支持，有很多看似需要用户完成的任务，其实都可以由电脑代劳。因此，为了减轻用户的操作负荷，在技术条件允许的情况下，应让电脑自动完成那些可以代替用户完成的操作。比如，当可以通过已输入的信息识别出用户想要联系谁时，那就最好能自动给出该联系人的邮箱地址的后续内容，只需让用户直接点击确认。

六、保持一致

如果同一个交互产品中的不同界面都需要执行某一操作，那最好让该操作的热区位置和操作方式在所有界面中保持一致。这样可以有效减少用户的认知负荷。比如，在所有界面中，都将"返回"按钮放在屏幕的左上角，如图10-10所示。

图 10-10　保持一致

七、提供操作反馈

与传统的物理按键或旋钮所不同的是，触屏交互通常无法给予力学触感、机械按键声音等反馈。这显然会增加用户的认知负荷。为了解决这一问题，就需要调用一切可用资源去弥补传统物理反馈的缺失。比如，点击OK按钮后，提供按键声音、图形动画、屏幕振动等恰当的反馈。

八、告知操作状态

为了提高操作的效率，尽可能不要给用户任何需要猜测的机会。为此，在每一步操作完成后的合理时间范围内，都应通过有效的方式"告知操作状态"，即让用户时刻知道"现在操作到哪一步了，下面该做什么"。比如，如果付款成功就意味着下单成功，那么，在用户完成付款后，界面就应该提示"订单提交成功，请等待收货"。

第 3 节　如何创建"审美"价值

在本环节，要根据在上一环节所掌握的"审美"性痛点以及用户需要，通过形式设计实践，让产品具有"审美"价值，从而让用户在使用产品的过程中能够获得"审美"体验，如图10-11所示。

图 10-11

还是以面向用户界面的体验设计为例，为产品赋予"审美"价值，归根结底，需要依靠以下两项技能：第一，计算机设计技术；第二，审美设计的思路。为此，本节的第一部分，将介绍Photoshop软件的基础操作技术和常用设计技法，以此作为设计实践的工具；第二部分，将介绍界面审美设计的核心原理，帮助读者建立基本的审美设计思维。

一、Photoshop 的基础操作

1. 建立新文件

打开Photoshop软件后，单击菜单栏中的"文件"→"新建"命令，如图10-12所示，便可打开新建设计文件的窗口，如图10-13所示。

图 10-12　建立文件

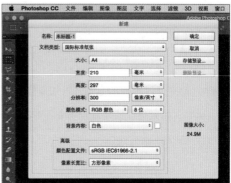

图 10-13　新建文件窗口

在该窗口中，设置界面的画布尺寸和分辨率，然后单击"确定"按钮，一个新的设计画布就建立好了。

2. 建立底色

在左侧工具栏中，单击调色工具，便可打开"拾色器"，如图10-14所示。选定需要的颜色后，单击"确定"按钮。随即，在调色工具中就会显示刚才选中的颜色。

之后，在工具栏中长按填色工具，出现三个填色选项后，单击油漆桶工具，如图10-15所示。然后，将鼠标光标移动到画布上单击，这样就可完成对画布的整体填色了。

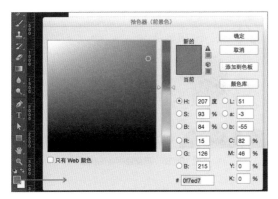 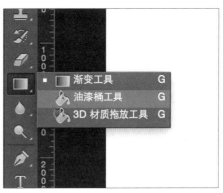

图 10-14　选定颜色　　　　　图 10-15　填充色彩

3. 导入照片

将事先准备好的照片直接拖动到画布中，然后根据需要对照片进行缩放，再按键盘的回车键，即可完成照片的导入。这时，在图层面板中可以看到，背景图层之上又出现了一个新的图层，如图10-16所示，这就是刚刚导入的照片。

图 10-16　导入照片

4. 调色

（1）调整色阶

很多非专业人员拍摄的照片，经常会有画面发"灰"的情况，这往往是由于明暗对比度不够所导致的。为解决该问题，需要将照片直接拖动到Photoshop中，选择菜单栏中的"图像"→"调整"→"色阶"命令（Ctrl+L），即可打开色阶面板，如图10-17所示。然后，将左右两侧的黑／白三角向往中间拖动，即可看到图像对比度效果的改变。当调整至理想效果后，单击"确定"按钮即可。

（2）调整色相与饱和度

在图层面板中选择预调整的图层后，选择菜单栏中的"图像"→"调整"→"色相"→"饱和度"命令（Ctrl+U），即可打开色相/饱和度面板，如图10-18所示。然后，拖动上中下三个三角滑块，当图层色彩调整至理想效果后，单击"确认"按钮即可。

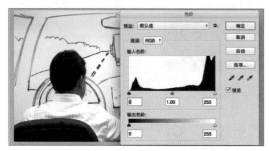
图 10-17　调整色阶

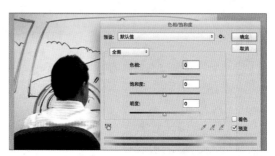
图 10-18　调整色相与饱和度

5. 输入文字

在左侧工具栏中选择文字工具，在画布的相应位置单击，待出现文字输入提示符后，便可输入文字。如需对文字进行样式和格式调整，则要在菜单栏中选择"窗口"→"字符"命令，打开字符面板，如图10-19所示。之后，便可对相关的文字属性进行更改。

6. 建立矢量图形

在左侧菜单栏中，长按矢量绘图工具，待出现二级选项后，选择第一项矩形工具，如图10-20所示。然后，便可在画布相应位置单击并拖拽出一个矩形。之后，可在右侧属性面板中对颜色、倒角等矩形样式进行调整。

图 10-19　字符调整

图 10-20　建立矢量图形

其实就像新买的照相机，可以每个按钮都操作一下试试有什么反应，只要肯多尝试，熟练掌握各项操作只是时间的问题。千万不要把学习软件当作一项艰苦卓绝的事情。

二、审美价值的核心：不一样的美

1. 什么是"不一样的美"

任何产品、建筑、服装等的样式设计，只要符合形式美的一般法则，那就很有可能为人们带来一定程度的审美感受。但这充其量是普通的美，通常不能为人带来触动，更不足以支撑起"伟大"的作品。在审美泛化（日常化）的当代消费社会，像这种符合一般形式美法则的事物和产品随处可见。而那些真正能给人以触动并占据人们和历史的记忆的美感，除了符合形式美的法则，通常还具有一个特征，那就是能传达出某种具有鲜明个性气质的独特审美意味。

在历史长河中，同海伦、苏菲·玛索、奥黛丽·赫本一样美丽的人显然不在少数。然而，她们中任何一人在历史中的缺席都会为我们带来遗憾，其原因就在于她们都为这世界带来了"不一样的美"。海伦的美典雅、庄重，苏菲·玛索的美冷峻、内敛，而赫本的美天真、清纯、烂漫。又比如，在每个人的印象中，空中小姐都是美的代名词，但由于不同国家和地域的空姐之美受到不同文化的浸染，因此我们乘坐不同国家航空公司的航班时总会有新鲜的美感体验。

再比如，也许我们已经览遍巴黎、蒙古、爱琴海的美，但每当要开始新的旅行时，我们通常还是抑制不住心中的激动与憧憬。相信，其真正原因不是在于这些地方都是美丽的，而是在于这些地方拥有着"不一样的美"。

综上所述，正是这些不同的美所蕴含的独特个性，才让这些美人、美景美得如此活灵活现，并一次又一次让观者为之赞叹、感动、惊喜。如果从这些美中抽去其独有的个性，那么，所谓的美将变得平淡无味。

可以说，对于审美设计而言，只有这种"不一样的美"才具有实质意义上的审美价值和审美竞争力。此外，对于商业产品来说，"不一样的美"除了给予真正的审美价值，通常还能让用户感受到产品设计与生产者的用心与专业，从而收获用户对于该产品的信任、偏爱，甚至是品牌忠诚。对任何类型的产品而言，几乎皆是如此。

2. 创建"不一样的美"的基本途径

（1）确定主题

通常来讲，这不一样的美中的"不一样"并不是由创作者在随意之间信手拈来的，而是源于作品所要传达的主题——不论是文学艺术创作，还是造型艺术创作，首先要做的就是把握创作的主题。因为，主题是让作品蕴含独特气质、魅力与美感的根本动力。对于具体创作实践来说，以主题为出发点，是让每一个辞藻的选用和笔触的运用能够有所根据和出处，即让创作过程有方向可循的依靠。

以绘画创作为例，《格尔尼卡》这幅壁画是毕加索受西班牙共和国政府的委托，为1937年在巴黎举行的国际博览会西班牙馆而创作。如图10-21所示，此画表现的是1937年德国空军疯狂轰炸西班牙小城格尔尼卡的情景，毕加索为了表达刺痛感的主题，在画面中运用了大量三角、尖角、直线、强烈的造型对比和明暗对比。

图 10-21 毕加索作品《格尔尼卡》

又如，《舞蹈》是马蒂斯艺术成熟期的作品，如图10-22所示，画面描绘了五个携手绕圈疯狂舞蹈的女性。为了表达主题所要展现的律动感、自由感和生命感，马蒂斯在造型上运用了大量的曲线，并配以能传达欢快感的艳丽色彩。

图 10-22 马蒂斯作品《舞蹈》

在这里，我们还是以界面产品的设计为例。

与以上艺术创作的道理相同，要想为界面设计赋予不同的气质与美感，首先要掌握产品的主题。一般来说，交互产品的主题来自两个方面：第一，产品的类型（题材）。比如，保险题材的产品所要传达的主题通常是平安与可靠，快递题材的产品所要传达的主题通常是快捷与安全，金融题材的产品所要传达的主题通常是能够有效帮助用户积累财富，旅游题材的产品所要传达的主题通常是安全、轻松与惬意，美食题材的产品所要传达的主题通常是食欲、美味或是独特性。第二，企业希望为产品赋予的理念、信念或宗旨。如苹果公司的理念是不仅要做最好的电脑，而且还要坚持"简约"以及"我们做的每一件事都是为了突破和创新"的理念，正如乔布斯所说的"我们生为改变世界"；法拉利卖的不是跑车，而是一种近似疯狂的驾驶快感和高贵；劳力士卖的不是表，而是奢侈和自信；希尔顿卖的不是酒店，而是舒适与安心；麦肯锡卖的不是数据，而是权威与专业。

（2）将主题的情感"转译"为形式化的表现

创造出"不一样的美"，最终依靠的还是可视化的形式表现。而要实现有效的形式创作，就需要设计者根据对产品主题的把握，反复体会与提炼自我情感对该主题的"感受"与"印象"，然后再通过心灵的综合与联想，创造性地将这种"感受"与"印象"转化为形象化的直觉（即抽象的视觉结构）。进而通过具体的设计实践，将这种直觉淋漓尽致地表现出来。

以面向用户界面的审美体验设计为例，对主题情感进行形式化表现的常用方法有以下几种。

第一，使用与主题相吻合的主色调。

主色调，也常被简称为色调，是对一幅画面的整体颜色特征的概括性评价，即对一幅画面色彩外观的整体倾向的描述。主色调通常指的是大的色彩效果和趋势，而不纠缠于其中的某一细节。对于视觉体验来说，面对画面呈现出的不同主色调，观看者通常随之获得不同的心理暗示，即被调动起不同的情感共鸣。比如，鲜亮的红色、橙色和黄色能够令人精神振奋，而蓝色和绿色则能平静我们的情绪，高纯度的色彩给人们华丽、气派的感觉，而低纯度的色彩给人一种朴实、素雅之感，混入黑色或灰色的冷色调，其沉闷、压抑的色彩氛围则给人带来消沉和绝望的感觉。因此，建立与主题情感意义相对应的主色调，成为设计师们借以创建"不一样的美"的重要工具。

在以下范例中，如图10-23所示，由红到橘红的渐变构成的主色调贯穿于产品的各个界面，传达着振奋与活力的情感信息。如图10-24所示，由嫣红色和金黄色构成的主色调传达着喜庆、温馨、活跃、高贵、典雅的气氛。如图10-25所示，由绿色构成的主色调则表达着自然与环保。这三种不同的主色调显然使各自的画面呈现出不同的美感。

图 10-23　通过主色调创建不一样的美（1）

图 10-24　通过主色调创建不一样的美（2）

图 10-25　通过主色调创建不一样的美（3）

第二，使用一种独特的视觉语言。

视觉语言（或者叫作构成画面的"语法"），指用于组织画面的基本原则与逻辑。由不同视觉语言组织的画面，通常会显现出不同的面貌、性格、气质和美感。对于设计实践，画面的视觉语言通常可以由以下三种方式来构建。

首先，是使用独特的视觉元素构建视觉语言。

具体来讲，所谓独特的视觉元素，既可以指某一具体的设计元素，也可以指具有同一风格形式的不同视觉元素。之所以可以把这两种情况都算作独特视觉元素所指称的范畴，是因为在客观上，由这两种元素构成的画面都能够呈现出明确的视觉语言。如图10-26所示，画面中虽然充斥着内容各异的图案，但是这些图案均为单线简笔风格，且由该风格元素构成的视觉语言使画面呈现出独特的美感价值。

如图10-27所示，画面中三个倾斜度相同的菱形，为构建画面视觉语言起到支撑作用。而其他图形元素则以竖向边框的倾斜应和着三个菱形，为视觉语言的构建起到辅助、呼应、加强的作用。在此两者共同作用下，构成了统一、明确的视觉语言，为观看者传达着相应的审美感受（动感）。

图 10-26　使用一种独特的视觉语言（1）

图 10-27　使用一种独特的视觉语言（2）

其次，是使用独特的构图原则构建视觉语言。

构图，即画面的分割或者说布局方式，是组织画面构成的基本方法。从视觉感受来讲，不同的构图逻辑或叫作方式通常可以传递不同的情感信息，并带来不同的美感体验。

在以下范例中，如图10-28所示以自由的曲线来布局构图，如图10-29所示以竖线分割的逻辑来组织构图，如图10-30所示以菱形垂直排列的逻辑来组织构图。由于这三种构图逻辑在各自画面中的通篇贯彻，为这三幅画面赋予了不同却明确的视觉语言与审美价值。

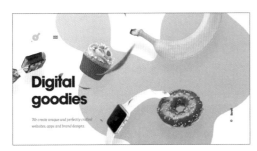

图 10-28　使用独特的构图原则构建视觉语言（1）

图 10-29　使用独特的构图原则构建视觉语言（2）

图 10-30　使用独特的构图原则构建视觉语言（3）

最后，使用独特的色彩组织原则构建视觉语言。

颜色能够传达情感信息，这已经是不争的事实。而当使用一种严格和明确的色彩组织逻辑去构建画面时，更会将一种特定的情感取向推向极致。

在以下范例中，如图10-31所示以无彩色来协调丰富的有彩色对比的逻辑组织画面，如图10-32所示以橙红色到黄色的同类色对比的逻辑来组织画面，如图10-33所示以紫色和白色的色彩对比逻辑来组织画面，如图10-34所示以红色的单色风格逻辑组织画面。

这四种不同的色彩组织逻辑，在各自画面中淋漓尽致地贯彻为各画面赋予了明了、严谨，甚至可以说强悍的视觉语言，同时也在此基础上传递着各异的审美价值。

图 10-31　使用独特的色彩组织原则构建视觉语言

图 10-32

图 10-33

第三，使用传达主题的设计元素。所谓传达主题的设计元素，既可以是画面中的主题元素，也可以是画面中的辅助性和装饰性元素。由于这些元素总是因项目主题的不同而表现出各异的设计，于是，就为创建"不一样的美"起到有效的承载作用。

图 10-34

如图10-35所示，画面中直线、弧线形尖头与在背景中隐约出现的细线格，在为展现主题内容起到辅助作用的同时，为画面呈现"不一样的美"起到重要作用。

图 10-35 使用传达主题的设计元素

第四，使用传达主题的照片。与文字、图形相比，照片（图像）最大的特点就在于其具有再现真实性、丰富性和细腻性的表达能力。这使照片元素在认知信息传达和审美感受创建两方面起到独特和不可替代的作用。根据不同项目主题的需要，必然要使用不同的照片元素。于是，照片成为创建"不一样"的画面美感重要和有效的承载元素。

如图10-36和图10-37所示，出色的照片元素在服务于表现产品主题的同时，为画面赋予"不一样"的审美价值。

图 10-36　使用传达主题的照片（1）

图 10-37　使用传达主题的照片（2）

第五，使用传达主题的创意。创意性的设计，不仅其本身具有创建"独特感"的强大能力，且准确的创意通常对表现主题的主旨起到新颖和有力的塑造作用。

如图10-38和图10-39所示，有意思的创意在生动地传达各自的主题意义的同时，为画面所展现出的"不一样的美"起到关键性的支撑作用。

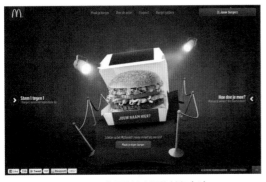

图 10-38　使用传达主题的创意（1）

图 10-39　使用传达主题的创意（2）

第4节　如何创建"符号"价值

在本环节，需要根据在上一环节（痛点分析）中所掌握的"符号"性痛点以及用户需要，通过设计实践，为产品赋予"符号"价值，并形成"符号体验设计说明"（Word文档或演示PPT）。

一、概述

在概述部分，将介绍创建"符号"价值所牵涉的因素，以及符号体验设计的实践步骤。

1. 创建"符号"价值所牵涉的因素

从概念层级上说，"符号"价值、"审美"价值、"易用"价值、"可利用"价值，对于产品体验设计而言是平级关系的概念。但在实际的体验过程中，"符号"体验是依托于"审美"体验、"易用"体验和"可利用"体验的实现而实现的。即产品的"符号"价值的创造，要依托于产品的"审美"设计、"易用"设计、"可利用"设计的具体实践来实现。

还是以交互产品的体验设计为例，如果是为交互产品的用户界面进行符号体验设计，那就一定要规避来自传统平面品牌设计思维的局限，除了对界面视觉"审美"设计的考量，务必要重视"易用"设计、"可利用"设计对"符号"体验的影响。

2. 创建"符号"价值的实践步骤

一般情况下，可参考以下步骤开展创建"符号"价值的实践工作。

第一步，根据用户的痛点和需要，设计"符号"体验的"主题立意"。

第二步，根据"主题立意"形成情绪板，在该过程中找到设计的方向。

第三步，基于"情绪板"所给予的灵感启发，通过设计实践，在"审美""易用""可利用"三个方面，对产品所应呈现出的具体样貌给出图文并茂的设定。

第四步，将上述各步骤的实践成果整理为符号体验的"设计说明"文档或演示PPT。

本节以下内容，将对上述实践步骤的具体内容进行阐释。

二、设定"符号"体验的主题立意

根据用户的"符号"性痛点和需要，设置关于"符号"价值的"主题立意"，是为产品创建"符号"价值所要做的第一件事。那具体该怎样设计这个"主题立意"呢？

以豪华品牌汽车的车载交互界面设计为例，用户通常会持有这样的痛点与需要：需要界面设计能够与整车形成很好的配合，从而展现出用户的经济身份、社会地位以及良好品位。为此，就可以为界面设定一个宏观的"符号"价值定位（即主题立意）：高雅与尊贵。

或者也可以定位为王者风范。此两种定位都可满足对经济身份、社会地位和良好品位的象征，只是用了不同的诠释角度，展现不同性格的高水平的经济身份、社会地位以及品位偏好。所以，只要能满足解决用户痛点的需要，以上两种或是其他方式的"主题立意"定位，通常来讲，是没有优劣之分的，只是针对有差异的用户群而给出不同的"符号"体验价值。

这个主题立意一旦筹划好了，就要以清晰、明确的语言，对其进行确切、完整的表述。作为"符号体验设计说明"的第一部分内容，与甲方进行确认，让整个设计团队的相关人员深刻理解这一"符号"

体验设计的战略性考量。

后续不论用怎样的视觉元素、功能设定和交互方式塑造"符号"价值，都要围绕着最初设定的这个"主题立意"开展设计工作。

三、形成情绪板

设定好"主题立意"后，就要开始着手思考用怎样的视觉形式、交互方式、功能设定来表现它。尽管创意设计是一个主观的行为，但我们必须为主观能动性的创意活动找到理性和客观的思考支点。情绪板工具便可为该思考过程提供有益的帮助。

所谓情绪板，就是将能反映主题情感的各种元素、图片拼贴到一个大的画布上，如图10-40所示。这能让我们客观地以可视化的方式表达我们的设计观念，进而帮助我们找到设计的具体方向。

图 10-40　情绪板

在该步骤中，需要根据"主题立意"，针对产品的"审美"设计、"易用"设计、"可利用"设计形成三个情绪板。每一个情绪板的制作都可以参考如下步骤进行。

第一步：根据"主题立意"的内容，找出反映其核心主旨的几个关键词，最好不超过3个。

第二步：对关键词进行发散和联想，从而获得更为详细、具体的次级关键词。比如，根据关键词"喜庆"，我们可以联想到结婚盛宴、欢快的音乐、鲜花、欢呼的人群、烟花。

第三步：对于审美价值的设定而言，需要根据关键词，找到与界面布局、色彩、风格气氛、背景肌理等相关元素的图片。对于交互方式设定和功能设定，则要根据关键词，分别找到与交互气质和功能气质相关的元素图片。

第四步：根据找到的元素和图片，提取出数个能够用于指导具体设计实践的抽象的体验价值概念。比如，整体造型要圆融，突出核心功能，舍弃周边性功能。并将反映同一体验价值概念的元素、图片集中到一起，拼贴到画布上。

四、定义视觉风貌

还是以车载界面的体验设计为例，根据在"情绪板"步骤中抽象出的视觉体验的概念，为界面的整体视觉表现定义统一的设计规范。

1. 视觉风格的定义

还是以面向交互产品的界面设计为例。所谓对整体视觉风格的定义，就是要选取出几幅具有代表性的典型性界面进行完整的界面视觉设计，并对"设计思路"（如设计灵感的来源）和"需要注意的细节性设计问题"给出必要的文字说明，如图10-41所示。

2. 布局方案的定义

所谓对界面布局方案的定义，就是针对所有的典型性界面，将不同功能信息在界面中所应占据的显示区域给出明确说明，如图10-42所示。比如，在主界面中，应该怎样布局各种元素；不同界面中的导航，应该放在什么位置；在不同的底层信息界面中，应该把图片信息统一放在哪里，又应该把文字信息统一放在哪里。

图 10-41　定义视觉风格

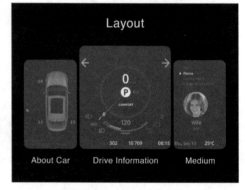

图 10-42　布局方案的定义

3. 配色方案的定义

对于配色方案的定义，需要做的主要工作包括以下几个方面。

（1）说明配色思路

需要依托典型的界面设计，对配色方案的灵感来源和设计创意的关键性要点给予图文并茂的阐释，如对色彩比例与布局的规划。即，通过不同的色彩比例与布局，实现不同的整体色彩气氛。

（2）定义细节元素的用色规范

需要依托典型界面，对细节性设计元素的用色规范给予详细说明。比如，不同类型的文字应该使用怎样的配色，要给出具体的色值说明。

4. 文字使用规范的定义

与定义配色方案的方法类似，对于文字使用规范的定义，需要做的主要工作包括以下两个方面。

（1）定义字体

需要依托典型界面，对所使用的字体给予说明，并对设计思路，即用该字体来传达怎样的符号"主题立意"给予详细阐释。

（2）定义文字属性

需要依托典型界面，对不同信息层级的文字所使用的字号、粗细、斜体等文字属性给予规定和说明。

五、定义交互风貌

我们继续以车载交互界面的体验设计为例，根据在"情绪板"步骤中抽象出的交互体验的概念，对交互操作方式的如下要素，设定好统一的设计规范。

1. 交互方式的定义

所谓交互方式，即，实现不同类型功能所经由的交互渠道。常见的交互渠道包括以下四种方式。

（1）触屏交互

针对不同类型的功能操作，要定义所需的触屏交互方式。即，什么样的功能，具体通过怎样的触屏交互方式来实现。常见的触屏交互方式有点击（Tap）、双击（Double Tap）、旋转（Rotate）、长按（Touch & Hold）等，如图10-43所示。

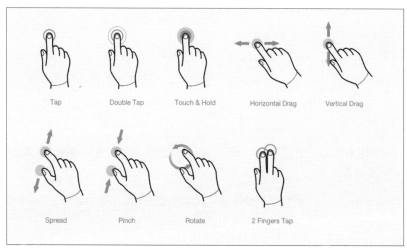

图 10-43 常见的触屏交互方式

（2）物理按钮、旋钮操作

针对不同类型的功能操作，要定义所需的物理交互方式。即，什么样的功能，具体通过什么样的物理交互来实现，以及物理按键的操作应与界面显示形成怎样的配合。

（3）语音识别

针对不同类型的功能操作，要定义所需的语音识别交互方式。即，什么样的功能，具体通过什么样的语音识别交互来实现，以及语音识别应与界面显示形成怎样的配合。

（4）手势识别

针对不同类型的功能操作，要定义所需的手势识别交互方式。即，什么样的功能，具体通过什么样的手势识别交互来实现，以及手势识别应与界面显示形成怎样的配合，如图10-44所示。

图 10-44　手势识别

2. 交互反馈形式的定义

对交互操作的响应反馈形式的定义，主要包括以下三方面内容。

（1）触屏交互的反馈

针对界面交互操作行为的界面图形反馈定义，主要包括以下工作。

第一，针对不同类型功能（如常规操作类、警告类、任务完成类）的交互操作，定义点击热区后的热区反馈动画设计。其中需要定义的关键性要素包括动画表演形式、动画时长、声画配合的方式。

第二，定义点击热区后的界面转场设计。其中需要定义的关键性要素包括转场动画的表演形式、动画时长、声画配合的方式。

第三，定义点击热区后的屏幕物理振动设计。其中需要定义的关键性要素包括振动时长、振动力度、振动频率、振动声响。

（2）传统物理交互的反馈

针对传统物理交互操作行为（主要包括物理按钮操作、物理旋钮操作）的反馈定义，主要包括以下工作。

第一，对物理按钮、旋钮等的材质质感（即触感）的定义。其中需要定义的关键性要素包括表面肌理、温度感。

第二，对物理按钮、旋钮等的操作力度的定义。其中需要定义的关键性要素包括按钮的点击力度、按钮的回弹力度、旋钮的阻尼设置。

第三，对创新型物理交互方式的设计。比如，与众不同的换挡手柄设计，如图10-45所示，以及与之相应的操作方式的设计。

图 10-45　与众不同的换挡手柄设计

（3）语音／手势识别交互的反馈

针对语音／手势识别交互操作行为的反馈定义，主要包括以下工作。

第一，反馈时间（即响应的及时度）。

第二，反馈内容所具有的准确度。

六、定义功能风貌

所谓定义功能风貌，指对功能设计原则的定义。具体来说，就是要根据"主题立意"，先想清楚用户的哪些需要是应该被满足的，哪些需要是不应该被满足的（即，不鼓励和支持用户去关注和满足哪些需要）。进而，再对以下内容进行规定：产品应该提供的核心功能有哪些，哪些是次要功能，以及不应该提供什么功能。最后，再根据上述规则，给出核心和典型功能的设计方案，作为对上述的抽象性原则的实例性阐释。

比如，苹果的Apple Car Play（车载交互系统）产品的研发。在设计研发之初，苹果公司对该产品的应用场景的基本特征给出了以下三条界定。

第一，驾驶安全，始终是要最优先考虑的。

第二，驾驶过程，时刻面对复杂的路况。

第三，操纵汽车，是一个复杂、繁忙的行为。

基于上述考量，苹果将Apple Car Play的"功能定位"界定为"驾驶者的得力副驾"。并对此给予了进一步的具体阐释：Car Play车载交互系统适用于多款车型，它让驾驶者能够在车内智能、安全地使用iPhone。在驾驶的时候，Car Play会将许多驾驶者想用iPhone进行的操作都搬到车内的中控显示屏上，让驾驶者在保持专注驾驶的同时，还能使用导航、拨打电话、收发信息及欣赏音乐。

根据上述"功能设计原则"，苹果公司为Car Play设立了现有的核心功能，并给出了具体的功能设计方案，如Siri的功能设计。

一方面，苹果将Siri的控制功能概括为"一言、一触、一旋"。即，Car Play不但配备了专为驾驶场景而设计的Siri语音控制功能，而且还可与旋钮、按钮或触屏等汽车控制装置配合使用。从而让驾驶者能便捷、灵活地对车载功能进行交互操作。

另一方面，苹果将很多传统任务（如设置导航、收发信息等）交给Siri完成，从而保证驾驶者在不让视线离开路面的情况下就可以完成这些本来会分散更多注意力的任务。比如，可以直接用语音询问Siri最近的加油站在哪里。又比如，Siri 可为驾驶者发送、阅读和回复文本信息，因此无须再在开车时查看iPhone了。驾驶者只需说："Siri，告诉陈嫣茗我20分钟后到。"

第十一章
产品原型制作

基于在上一环节中形成的解决方案设计，在本环节，需要将其转化为产品原型。用以在下一环节进行原型测试。即，发现解决方案中存在的问题，优化解决方案，并进行原型的迭代以及再测试。

第1节　产品原型制作综述

本节将为读者讲述关于产品原型制作的五个最基本的问题。

一、原型的种类

以交互产品的界面设计为例，常用的原型有如下几种。

1. 可交互原型

所谓可交互原型，就是可以安装在手机等实体产品端，能让用户进行模拟操作的界面原型，如图11-1所示，通常为Html5格式的文件。这种原型，需要使用Axure、Invision或Figma等原型制作软件来完成。

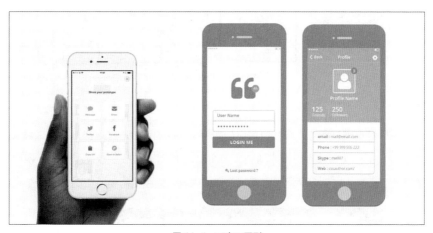

图 11-1　可交互原型

2. 纸模型原型

如图11-2（右）所示，纸模型原型通常是采用手工绘制和裁剪的方法制作出来的，具有成本低、制作速度快的优势。除了可以用纸模型制作界面原型，也经常有设计者用纸模型搭建起用以承载界面的整个实体产品，如图11-2（左）所示，以此来提高原型测试的真实度。

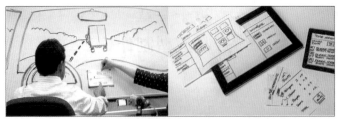

图 11-2 纸模型原型

3. 故事板原型

所谓故事板原型，就是依托故事板，用讲故事的方式展现用户是如何借助我们设计的"解决方案"来解决痛点的，如图11-3所示。通常情况下，故事中需要包含以下两个主要内容：第一，在没有使用"解决方案"之前，用户遇到了怎样的痛点；第二，"解决方案"如何帮助用户解决痛点。

图 11-3 故事板原型

4. 视频原型

视频原型，同样是用讲故事的方式展现用户是如何借助我们设计的"解决方案"来解决痛点的。只不过是将故事内容拍摄成视频或者制作成动画，如图11-4所示。与故事板原型相比，视频原型通常更有真实感，更具有表现力，也更容易让观者理解故事的内容，但往往需要耗费更长的制作时间。

图 11-4 视频原型

　　最后，制作产品原型的目的，在于尽快投入测试，发现设计方案的问题，并据此快速完善设计方案。所以，具体需要制作哪种形式的原型，要根据测试的目的与要求、团队习惯以及时间和资金的具体条件而定。

　　比如，要想知道界面设计能为用户提供怎样的"审美体验"，就需要用Photoshop或Sketch等软件设计出高保真的静态界面终稿，才能满足测试的需要，如图11-5所示。

图 11-5　静态界面设计终稿

二、产品原型的介入时机

　　尽管从宏观的设计思维流程看，"产品原型制作"环节位于"设计解决方案"和"测试"之间。但在实际操作过程中，原型的介入越早越好，甚至在最开始的"理解项目背景"阶段，都可以根据发现和直觉，针对问题尝试着制作出一些哪怕很粗糙的原型。因为，除了可以帮助测试"解决方案"的有效性外，原型还具有以下作用：第一，面向要解决的问题，帮助产品开发者通过构建的方式来进行思考；第二，用来方便各方之间的沟通，以及方便与用户进行对话。

三、原型制作前的准备

　　制作产品原型的目的是在于测试"解决方案"的有效性，因此，在制作原型之前，一定要认真思考清楚测试的目的、内容和方式，并据此形成对原型制作的具体需求。阐明原型制作的要点。以此来指导具体的原型制作实践。

四、制作原型的原则

　　高效的产品原型制作，通常需要依循如下两个原则。

第一，够用就行。

既然制作产品原型的目的在于测试"解决方案"，那么，就原型制作的精致度而言，只要能满足测试要求即可。没有必要耗费过多的精力和资金，把原型制作得过于细致。根据一般实践经验发现，在很多时候，一个小时内完成两个App的界面原型制作是很正常的。

从总体的原型迭代过程看，在项目初期，通常需要以较快的速度制作出低成本的低保真原型。因为低成本可以允许我们尝试不同的方案、测试，且发现不同的可能，避免过早钻进一个方向。在项目后期，则需要越来越精致的高保真原型，以此来帮助产品定型。

第二，牢记"用户中心"原则。

即不能离开对"用户如何感受"的考量，要始终围绕用户的体验方式来制作原型。为用户提供足够的体验条件，才能获得足够有效和真实的体验反馈，以此来满足测试的目的。

五、学习路径

原型制作的任务，就是将蓝图中的解决方案实现为能够满足测试目的的原型。因此，对于原型制作的学习而言，所要做的，就是掌握制作各种类型原型的技术和方法。

由于制作可交互原型的教学资源在网络上已是触手可及，且由于篇幅所限，本节的以下内容，就针对常让初学者感觉到"难啃"的两个"大部头"内容，提取其中的最基础也是最核心内容进行讲述、阐释。以此，帮助读者以较高的效率上手相关的原型制作。

第 2 节　故事板

图 11-6　故事板

若想用故事板（如图11-6所示）有效地展现"解决方案"是如何帮助用户解决其痛点的，需要具备以下两个基本技能：第一，基础的绘画技巧；第二，使用镜头语言的技巧。本节就将讲述这两个内容。

一、绘画技巧

对于故事板的绘制，并不要求有多么专业和高超的绘画技能。但是，一般性的绘画技巧，以及基础性的造型能力的支撑，仍是需要的。

1. 一般绘画技巧

（1）善用粗线条

不论绘画水平多么初级，同样的绘画造型，用较粗的画笔去画，在通常情况下都会比用较细画笔更有表现力，看着也更好看，如图11-7所示。

（2）营造明暗关系

不论绘画水平多么初级，同样的绘画造型，营造了明暗关系的画面，在通常情况下都会比没有营造明暗关系的画面更有表现力，也会看着更好看，如图11-8所示。

图 11-7 善用粗线条

图 11-8 营造明暗关系

2. 绘画基本功训练

特别是对于初学绘画，快速建立起基本造型能力的有效方法之一，就是进行一定数量的临摹。根据故事板绘制的常见绘画内容需要，给出以下五项临摹训练主题。读者可根据这些主题搜索更多参考资料进行临摹。

（1）按照"体块"去理解人体造型，如图11-9所示。

（2）抓住动势，如图11-10所示。

图 11-9 按照"体块"理解人体造型

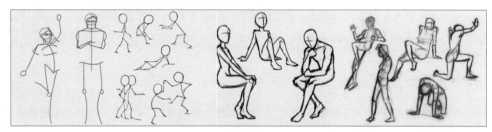

图 11-10　抓住动势

（3）学会画手，如图11-11所示。

（4）用透视画场景，如图11-12所示。

（5）汽车内饰，如图11-13所示。

图 11-11　学会画手

图 11-12　用透视画场景

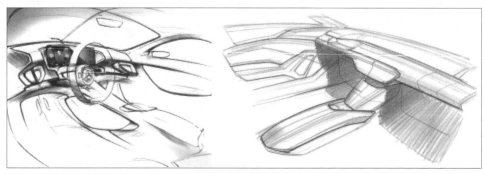

图 11-13　汽车内饰

二、镜头使用技巧

所谓掌握镜头使用技巧，主要就是实现对镜头语言的理解和运用。以下就对其中的两个主要问题进行阐释。

1. 善用不同景别

所谓景别，就是因摄像机与被摄角色之间的距离不同，而导致的被摄角色在画面中所表现出的大小的区别，如图11-14所示。在故事板的绘制过程中，通常会使用到以下五种景别。

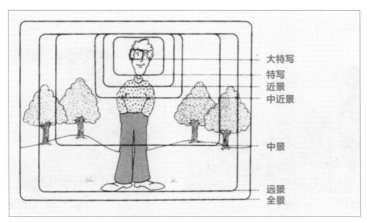

图 11-14 不同的景别

（1）远景画面

通俗来讲，远景，就是从较远的距离观察场景和角色。其主要作用在于介绍环境，即，展现角色所处的环境的全貌、角色与环境之间的空间关系。在影视拍摄中，也经常会用远景抒发情感，如图11-15所示。

（2）全景画面

全景镜头，主要呈现角色的整体样貌（身材、气质、穿着等），以此交代角色身份，并展现角色的全身动作、角色之间的关系，以及角色与其主要活动空间的关系。与远景相比，全景更适合于清楚、详细地表现角色的属性（样貌、行为、动作等），甚至呈现出角色的心理活动，如图11-16所示。

图 11-15 远景画面

图 11-16 全景画面

（3）中景画面

中景，通常将画面卡在角色膝盖左右的部位，或表现场景的某个局部。

中景画面的表现重点往往是角色的行为动作。对于故事板的绘制来说，更注重角色动作姿态的塑造，如图11-17所示。

（4）近景画面

近景，通常将画面卡在角色的胸部以上，或表现场景中某个物体的局部内容。

近景画面会清楚展示出面部表情等角色细节，这在有利于刻画角色内心活动和事物细节的同时，也自然会牵涉到对表情、衣服等细节造型进行更为高质量的绘画的问题，如图11-18所示。

图 11-17　中景画面

图 11-18　近景画面

（5）特写画面

特写，通常将画面的底边卡在人物的肩部，如图11-19所示，或是表现某一物体的局部。由于特写画面会给人带来强烈的视觉感受，因此不宜连续性地过多使用。否则，就会让人产生视觉和认知的疲劳感。只有在真正需要的时候，才能把特写作为点睛之笔。

图 11-19　特写画面

2. 避免越轴错误

越轴问题的一个关键概念是"轴线"，即被摄对象的视线方向、运动方向和其他被摄对象之间的关系线。在用连续的镜头画面制作故事板的过程中，为了正确表达不同角色间的关系，就需要根据轴线法则，不能"越轴"，即，不论采用怎样的景别，也不论采用怎样的镜头视角，必须要在轴线的同一侧的范围内设置摄像机，如图11-20所示。该法则的使用，可以保证在连续的画面中表现出被摄对象间的正确关系，如图11-21所示。

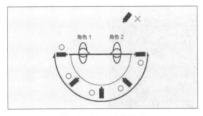

图 11-20　轴线关系

图 11-21　被摄对象之间的正确关系

如果越过了这道轴线设置摄像机位，就会让被摄对象之间的关系出现错乱，如图11-22所示，这也就是所谓的"越轴"了。影视界也常称其为"跳轴"。

图 11-22　被摄对象之间的错乱关系

最后，上述的镜头使用技巧，同样适用于对"视频原型"制作的指导。

第3节　视频原型的制作工具：After Effects

Adobe After Effects简称AE。是Adobe公司推出的一款视频处理软件。AE不仅可以对短视频进行合成、剪辑，还可以为视频添加各种引人注目以及震撼人心的后期特效。这让大量从业者将AE作为制作视频原型的首选工具。

然而，由于AE的功能操作选项相对繁复，使得很多初学者都认为AE是一个"难啃的大部头"，需要投入大量和专门的时间来学习。但实际上，只要按照合理的路径开展学习，在1小时内掌握AE软件的核心操作机制并上手整个视频编辑流程（从建立文件，到导入素材，设置动态效果，再到输出视频），是完全可能的。

本节内容，就将提供这样一个学习路径。

一、认识操作界面

AE的操作界面，主要由六个功能区域组成：菜单栏、常用工具栏、项目管理与特效属性调节面

板、舞台、属性编辑面板、时间线与关键帧编辑面板 | 视频渲染面板，如图11-23所示。

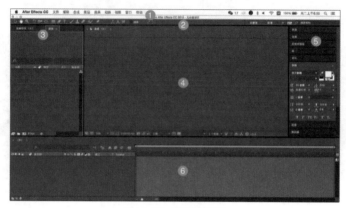

图 11-23　AE 操作界面

二、建立新文件

已经对Photoshop等常用图形编辑软件有了一定使用经验的读者会发现，我们并不能像操作Photoshop那样，可以在"文件"菜单中单击"创建新文件"来创建新文件。在AE中，需要单击"创建新合成"图标，如图11-24所示，才能建立一个新的舞台文件。

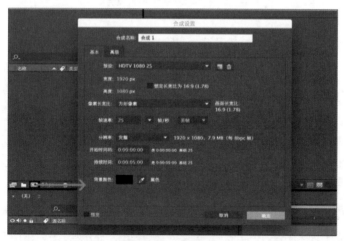

图 11-24　创建新合成

在创建新舞台窗口中，通常需要对以下内容进行设置。

第一，视频的制式。选择制式后，下面的视频尺寸和帧率会自动设置。

第二，像素长宽比。如果播放媒介是电脑，则需要选择"方形像素"。

第三，持续时间。也就是视频的时间长度。

设置完成后单击"确定"按钮。

三、导入素材

导入视频或图片等素材，需要由两个步骤来完成。

第一，在项目管理面板空白区域双击。选中需要导入的文件，单击"打开"按钮。

第二，将已经导入到项目管理面板的文件拖动到时间线面板中，如图11-25所示。这样就完成了视频的导入。

通过拖动视频图层的左右两侧，如图11-26所示，就可以设置视频开始和结束的时间。此外，通过多个视频图层的前后排列，就可以形成镜头的剪辑切换效果了。

图 11-25　导入素材

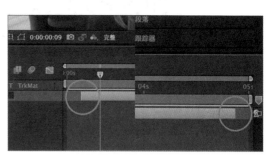

图 11-26　编辑视频出入点

四、关键帧动画

在时间线空白区域单击鼠标左键，选择"新建"→"纯色"命令，如图11-27所示。之后就会弹出建立纯色层窗口，选取颜色后，单击"确定"按钮即可。最后，通过拖动纯色层的四角，将其调整至理想大小。

单击纯色层左侧的小三角（如图11-28-①所示），就可展开其下的一个层级"变换"，再单击"变换"左边的小三角（如图11-28-②所示），就可以展开其下的所有图层属性。这些属性左边的"秒表"图标（如图11-28-③所示），就是制作关键帧动画的工具。

图 11-27　建立纯色层

图 11-28　关键帧动画设置工具

设置关键帧动画的具体方法如图11-29所示。

第一步：确定一个要制作动画的属性。（以透明度属性为例）单击该属性左侧的"秒表"图标。随即，会发现面板右侧出现了关键帧节点。

第二步：拖动时间线到任意位置。然后，修改属性数值。随即，会发现当前时间点位置出现了一个新的关键帧节点。

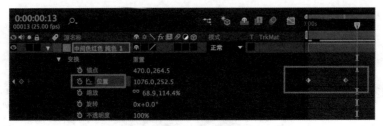

图 11-29　关键帧动画设置方法

至此，一个关键帧动画就完成了。在两个关键帧之间拖动时间线，就可以观察动画。此外，建议读者尝试一下对所有图层属性进行动画设置，这样自然能了解每种属性的动画效果。

以上就是在AE中设置关键帧动画的方法。这不仅适用于这些基本图层属性的动画设置，随后的各种特效的动画设置，方法也是完全一样的。

五、建立文字

建立文字的方法，与建立纯色层的方法是基本相同。

第一步：在时间线面板空白区域，单击鼠标右键，选择"新建"→"文本"命令，如图11-30（左）所示。随即，鼠标光标会变为文字输入工具。在舞台相应位置单击，就可以输入文字了。

第二步：输入文字。

至此，就完成了一个文字图层的建立，如图11-30（右）所示。

图 11-30　建立文字

六、添加特效和特效动画

在AE中为图层添加特效的方法如下。

第一步：在图层上单击鼠标右键，选择
"效果"命令，如图11-31所示，就可以看到软
件自带的特效库。

第二步：（以"发光"特效为例）在"效
果"中选择"风格化"→"发光"命令。随即，
就会在舞台中看到该视频图层的特效反映了
（如图11-32-③所示）。且项目管理面板会自
动切换为旁边的效果控制面板（如图11-32-①
所示）。时间面板上，也会多出一个"效果"
选项（如图11-32-②所示）。

图 11-31　发光特效

图 11-32　发光特效

至此，一个特效的添加就完成了。

此外，为特效设置动画，以及为图层属性设置动画的方法基本相同。

第一步：在时间线面板中单击"效果"左侧的小三角。

第二步：再单击"发光"左侧的小三角，就会看到"发光"特效中的所有可调节属性。

第三步：用秒表工具设置动画。方法与设置图层属性动画相同，不再赘述。

七、输出视频

视频编辑结束后，输出视频成品的方法如下。

第一步：在时间线面板，通过拖动左右两侧的蓝色滑块，选择预输出的区域。

第二步：在菜单栏中，选择"合成"→"添加到渲染队列"命令，如图11-33所示。

图 11-33　渲染输出

第三步：在渲染面板中，对视频质量、视频格式、输出位置进行设置。然后单击右侧的"渲染"按钮，如图11-34所示。

图 11-34　执行渲染

第十二章
设计方案测试

设计方案测试，即原型测试，其任务的主旨在于，模拟产品在现实生活或工作中的使用场景，发现"解决方案"中可能存在的问题，以此作为对"解决方案"进行设计迭代的依据。本章的三节内容，将分别阐释原型测试的流程、基本方法，以及原型测试实践中的"经验之谈"。

第1节 原型测试的流程

原型测试的流程，通常可以分为以下五个环节。

一、招募

所谓招募，就是寻找和召集参与原型测试的被测试者。招募到正确的被测试者，是确保能够产出有效测试结果的前提。通常情况下，应在以下两类人群中挑选被测试者。

1. 目标用户

可以从如下两个方面寻找目标用户：第一，项目旨在服务的目标用户；第二，正在使用竞争产品的用户。当然，在很多时候，这两类用户很可能是重合的。

2. 企业的市场营销人员

企业的市场营销人员，尽管未必是产品的目标用户，但却往往可以从以下两个方面为"解决方案"的改进提供一些有益的反馈：第一，根据在以往产品推广实践中积累的对于用户需求的经验性认识，通常可以对新"解决方案"的价值提出有重要参考意义的评价；第二，作为产品的推广者，他们会从如何让用户接受新"解决方案"的视角去思考问题，对于改进"解决方案"而言，显然从该视角提出的建议是重要的。

二、设计测试内容

"设计测试内容"的工作主要包括以下两项任务。

第一，明确测试目的。比如，是要对某产品的哪些可利用性价值进行测试，或是要对其哪些功能点的易用性价值进行测试。

第二，根据测试目的，设计测试的实施方案，并形成方案文档。其中包括具体使用什么测试方法、采用怎样的形式进行测试、测试的持续时间是多少、测试的参与人都需要有谁、这些参与者的分工是怎样的。

需要指出的是，通常很难保证一次就能将测试实施方案设计得十分周全。所以，在确定实施方案之前，要基于现有方案进行预测试（行业中常称其为Pilot），并据此来完善实施方案的设计。

三、测试的实施

实施测试方案，通常需要经由以下过程。

第一，接待被测试者。该工作的触点，一般是在公司的前台。需要有接待人员将被测试者带领到测试地点并引导其落座。

第二，热身环节。即，需要有核心工作人员讲明测试目的，并通过开放性交谈，建立信任关系，舒缓紧张气氛。另外，还包括签署必要的保密协议以及允许录像记录的协议等。

第三，按照测试实施方案实施测试任务，并做好相关的过程记录。

第四，发放酬金与答谢。同时，也可以向被试者表露进一步的测试计划，并进行再一次的邀约。

四、数据整理与分析

在测试结束后，应在第一时间对获得的测试数据进行整理，并根据测试目的，通过对数据的分析得出相关结论。其中既包括与各测试项目相关的结论，也包括对测试的不足或进一步测试需求的阐释。

五、撰写报告

数据分析完成后，需要将关键的分析过程与全部分析结论撰写成报告文档（Word或PPT）。此外，为便于设计团队阅读与理解，要尽可能以图文并茂的方式来呈现报告的内容，而不只是满篇的文字。

第2节　原型测试的方法

对原型的测试，通常需要根据测试的目的选取适用的测试方法，没有统一的套路可以遵循。本节将介绍五种常用的测试方法，供读者选用。

一、性能测试法

1. 应用领域

性能测试法主要的应用领域如下。

第一，对产品的功能有效性的测试。即对是否能完成功能操作并解决"可利用性"痛点的测试。比如，是否能让用户选择其想要的产品并完成下单。

第二，对操作效率的测试。其中最主要的测试指标是用户用了多少时间来完成操作任务。一般来说，能够让用户在最短时间内完成操作任务的功能设计是最佳的设计。

第三，对用户满意度的测试。所谓满意度，也就是用户对产品某种价值的主观评价。比如，功能是否易于操作，是否喜欢长期使用该产品等。对于这些问题，通常可设置5至7个满意等级，让用户打分。

2. 实施方法

（1）被测试者的组织

与下面将要讲到的"发声思考法"等测试方法相比，"性能测试"的参与人员通常较多，一般是以集体测试的方式来进行组织。统一告知测试任务，并进行统一的测试监督、指导。

（2）样本数量

根据统计学给出的经验，通常需要30人以上的样本量，才能得出具有统计意义的数据结果，且这30人还必须是目标用户。如果再算上企业的市场营销人员，那么需要的样本量就是40人以上。

（3）对比分析

通常情况下，如果可以与之前版本产品的同种测试数据进行对比，则能对当前测试数据所表达的意义给予更为有效的分析。

二、发声思考法

所谓发声思考法，就是让用户在使用产品的过程中说出他们每时每刻的想法。该方法有着较为广阔的适用领域。

比如，对界面"易用"价值的测试，可以让用户边操作，边说出以下内容："我现在是这样想的……""我注意到了这个按钮""我觉得下一步应该这么操作了，因为这里显示了一个……""这里我要想一想……哦，我知道了……"等。通常情况下，当用户需要想一想才能再继续操作时，就很可能存在某些需要改进的设计问题。

又比如，对产品"审美"价值的测试，可以引导用户在使用产品过程中说出以下内容："我选择这个产品并不是因为造型设计得好看""因为我觉得设计就很好看啊，感觉很高档，那也就应该比较好用吧""我觉得比另外几个产品设计得要好看，感觉很舒服""就是这个颜色感觉不太协调""也没有太强烈的感觉，还行吧"等。能够了解到用户的上述审美感觉，对于产品设计的改进具有重要意义。

三、分析／实验联合测试法

简单来说，分析法和实验法是两种不同的原型测试方法。由于此两种方法都有各自的优势和不足，所以，需要取长补短，将两种方法进行结合使用。

具体来看，所谓分析法，就是让产品设计的相关专家基于自身的知识背景和实践经验对产品设计的某种价值给出专业的评价。但要注意，专家的评价仍属于主观评价，不能绝对代表用户的真实感受。

　　所谓实验法，就是通过对用户使用产品情况的观测来收集相关数据。客观性是该方法的最大优点。但是，在很多时候，客观的数据并不能说明导致问题的原因。比如，通过实验发现，50%的用户不能在规定时间内完成操作任务，但这并不能呈现这些用户操作遇阻的原因。

　　以上，就是需要将这两种方法进行结合使用的原因。

　　根据一般经验，首先，在进行定量实验前，最好先使用分析法对产品价值进行初步的评价，并在这一过程中形成实验的要点。如果少了这一事先的分析评价，往往会让实验显得仓促、缺乏依据，从而难以收获有效的实验数据。

　　其次，实验后，需要对实验数据再次进行专家分析，并针对尚存在的问题再次开展实验，循环往复。

四、认知走查法

　　认知走查法的主要应用领域在于，帮助设计者发现产品（比如界面）中存在的"可利用"和"易用"问题。其具体的实施方法通常是，基于一组产品原型，如图12-1所示，让用户模拟完成某既定的操作任务。并在该过程中，配合发声思考法，让用户对操作过程中的感受、想法和遇到的问题进行实时阐释。

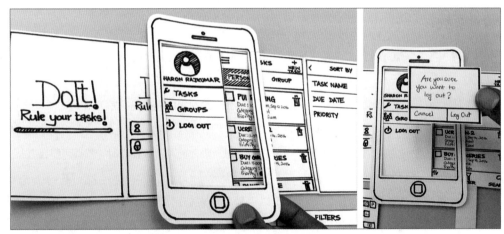

图 12-1　认知走查法

　　在走查过程中，观察者应时刻注意以下问题。

　　第一，用户是否知道下一步应该做什么。

　　第二，用户在操作过程中是否摸索到了某些操作规律。

　　第三，用户是否习惯和喜欢现有的操作规律。

　　第四，用户是否知道系统在顺利运行。

　　还需要注意的是，在招募被测试者之前，一定要设定需要被测试者具备的操作经验、知识和技能，否则测试的结果常常会大相径庭。比如，常用Mac的人和常用Windows的人，在使用某新系统界面时，就经常会在操作效率等方面表现出差异。

五、回顾法

在有些情况下，使用发声思考法会遇到以下问题：第一，观察者在提出问题的同时很容易为测试者提供一些操作提示；第二，发声思考的方式，会对测试者的操作行为产生较大影响。这时，就可以考虑使用回顾法。即，先让用户以自然的方式完成既定的操作，然后再对关切的问题向用户进行提问。这不像使用发声思考法那样，需要观察者具备某些提问技巧，很适合经验尚浅的初学者使用。

但是回顾法也有其缺陷，比如，有时用户难以对复杂操作过程中的某些感觉给予准确回顾。或者可能出于碍于面子的原因，并不是所有被测试者都愿意把操作过程中遇到的问题和尴尬讲出来。

第 3 节　经验之谈

本节将为读者介绍三个有关于"原型测试"的重要实践经验。

一、易用性测试的关注点

特别是在交互设计行业，很多时候人们会将"原型测试"等同于"易用性测试"。就产品体验的整体观而言，这无疑是偏颇的。但同时，这也切实地反映着"易用性"对于一个产品的重要性，以及"易用性测试"在"原型测试"中占据的重要地位。根据行业的过往经验，在易用性测试中，需要关注的主要问题包括以下几点。

第一，是否允许和有助于用户频繁使用快捷方式。

第二，是否能够提供明确的反馈信息。

第三，在整个操作过程中，是否能提供充分的阶段性反馈。

第四，是否能以简便的方式弥补误操作。

第五，用户是否掌控着足够的控制权。

第六，是否有助于减轻用户的记忆负担。

第七，操作机制是否符合用户既有操作习惯。

第八，操作对象是否直观、易理解。

第九，新用户是否容易找到操作的规律。

二、结果性测试与过程性测试的配合

所有的测试方法通常可以被划归为如下两类。

第一类，结果性测试。比如，性能测试法，就属于结果性测试。使用结果性测试方法获得数据结果，通常是对产品某方面价值的总结性评价，如满意度、目标达成率等。

第二类，过程性测试。比如，发声思考法和回顾法，就属于过程性测试。使用过程性测试方法获得的数据结果，通常是对问题的具体描述，即对出现问题的原因的呈现。比如，由于界面上的按钮过于密集，导致经常点错。

通常情况下，在解决方案的设计和迭代过程中，除了可以使用"结果性测试"对解决方案的实际效用进行判断，还需要借助"过程性测试"来掌握问题背后的原因，以此作为改进解决方案的依据。在解决方案设计结束后，则务必要进行一次最终的"结果性测试"。

此外，建议在"理解项目背景"环节，综合运用上述两类测试方法对竞品的价值与问题进行深入分析，这能让后续环节的实践变得更加有的放矢。

三、一次只测有限的内容

在"原型测试"环节还需要特别注意的一个原则就是，尽量不要在一个测试活动中检查过多的问题。一方面，产品的"可利用性"问题、"易用性"问题、"审美"问题、"符号"问题，要分开进行测试；另一方面，即便是同一属性的测试工作，也要控制好测试的工作量。控制工作量的标准是，要保证被测试者能够专注于对所测试内容的深度体验。

第十三章
研究思维

在第七章的第2节已经指出，"对于产品体验的创新实践，设计思维流程固然具有重要的指导意义，但这绝不意味仅依靠该流程就可以轻松收获实践的成功"。在本章，要交付给读者一个核心观点，即如果想最大限度发挥设计思维流程的指导效用，那就需要使用该流程的人能够做到以下三点：第一，建立基于研究思维的思考习惯并掌握相关的研究方法；第二，以问题为导向，对设计思维的实践流程与方法进行灵活的组织与运用；第三，能随时根据实际任务的需要，学习和利用新的相关知识与方法。而在这三点中，起统领性作用的，就是研究思维能力的建立。但目前，就体验设计行业的整体实践状况而言，大家对于研究思维的认知、接纳与运用还存在着不足。为了尽可能以一种平实的方式向非学术背景的读者呈现研究思维的真实面庞，在本章的第1节，将讲述大家对科研思维敬而远之的大致原因；在第2节，则会对研究思维的核心要素及其对设计思维实践流程所表现出的具体价值给予介绍和解读。以此帮助读者建立用研究思维的视角去看待体验研究与设计实践的基础性意识。

第1节　敬而远之的研究思维

明确地讲，这里所谓的研究思维，即学术界所说的科研思维。其核心主旨在于，以严谨的科学逻辑，借助专业的科学方法，去发现问题、界定问题和解决问题。

那些真正经历过高水准产品创新历练的资深UX工作者都很清楚：严格来说，UX（特别是用研）本就是一个研究性的工作岗位。离开了研究思维的介入，设计思维的流程、方法、工具只不过是一些徒有高大上外表的空架子。特别是在UX行业逐渐步入成熟的今天，专业和过硬的研究能力，越来越被认为是一名合格UX从业者的必备素养。

但尽管如此，即便是今天，研究思维在体验设计行业中的推广速度仍是缓慢的。根据对行业的观察与调研，大家对研究思维的敬而远之，主要原因有以下三点。

一、时代文化氛围的影响

进入信息时代以来，我们的世界一直在加快其运转速度。在这个大背景下，特别是在体验设计热潮刚刚兴起的时候，一方面，借助设计思维进行产品创新的实践者们，或是被催促着，或是本身就倾向于以最快的速度、最低的成本，产出尽可能多的成效；另一方面，设计思维的学习者们，通常也希望能尽快掌握这门知识，以便进入行业实践中大显身手。

于是，不论是在设计思维的应用场景里，还是在设计思维的学习情境中，大多数情况下，我们很少会听到有人提起这样一个不太应景的词：研究思维。只要有人提起这个词，即便不会被认为是在故弄玄虚、不接地气，至少也会因涉及更为复杂和专业的背景知识而让大家退避三舍，又或者是仅仅表现出三天的热乎气儿。因为这显然意味着更长的学习周期，以致"拖累"各种注重效率的实践活动。

二、旧有思维习惯的影响

以汽车设计行业为例，在早期的汽车设计中，车企主要依靠设计师的直觉与经验来形成设计方案。必须承认的是，很多被消费者津津乐道的经典车型就是在这样的设计直觉中产生的。但同时还要看到的是，对于整个汽车工业来说，这种经典的车型设计凤毛麟角。言外之意，真正的天才设计师，还是很少的。这导致在大多数情况下，单纯依靠设计师主观直觉与经验的做法，并不能为产出优秀（让人过目不忘、发自心底的喜爱）的设计方案提供足够有效的支持。

大家都知道，后来的"以用户为中心"的设计思想，为解决上述问题提供了一个在逻辑上具有充分合理性的实践途径。然而值得注意的是，即便是在大家已经明确认识到采纳用户中心思维的必要性的情况下，该思维方式及其设计方法论（设计思维方法）在车企中的推广与贯彻仍是步履维艰。很多车企的管理者表示，其中最关键的难点在于一线设计人员对推广该思维方式的抵制。这和作者在对车企基层设计实践进行调研时所发现的情况基本是吻合的。具体来看，当我们向设计师询问他们对用户中心思维的态度时，几乎所有人都表示了对其思想理念的认同（可能是因为面对这么简单和明确的逻辑，大家很难做出当面的驳斥），甚至会给出更多的相关表述。比如，有设计师会谈到："不光是用户中心思维，体验思维和产品思维，都是我们必须要认真考虑和践行的。"可是，当我们观察他们的日常工作时，会发现几乎没有人会真正把用户中心的思维理念落实到具体的设计实践。即不会真正去践行设计思维的实践流程和体验思维的实践要求。而且，一旦有相关部门对此提出某些要求，甚至有设计师会义愤填膺地说："不要用你们体验的那套东西来限制我们设计者的艺术思维。"很显然，不要说让一个人放弃原有的思维习惯，哪怕只是试探性地将一种新的思维方式与旧的思维方式进行结合，都是一件十分不易的事。

同样的，现有的大多数体验设计从业者也并非出身于专门的学术科研领域，因此，要想让大家在原有的基于设计背景知识的思维方式上附加一种新的思维方式——科研思维，事实已经证明，同样是一件十分不易的事。

三、科学研究的整体性问题

大家都知道，科学研究活动对于人类知识大厦的建立是功不可没的。但是如今，学术与科研给大家的印象并不完全是正向的。首先，可能是因为受到学术发表的压力等一些功利目的的左右，特别是在近十几年来，在很多科研活动都有"从理论到理论，而不去真正解决实际问题"的现象。用来自学术界的批评者的话说，就是"最终只产出了看似逻辑自洽的、无用的正确知识"。客观上，这让一些本就没有能力对各种科研思维知识去粗取精的非科研背景的人，对科研这件事从情感上就更加渐行渐远。

其次，当我们跳出具体的科研工作，转而对各类科研活动所采取的实践套路与方法进行观察和分析时会发现，被学术界所接纳的主流科学研究范式，通常都遵从以下两个底层思维原则：还原论哲学和数学思维。由于这两种底层思维方式的规训，现有的科学研究活动在客观上就倾向于对某种局部性问题的关注与思考，而且，只有能够被以物理方式精确测量的现象，才能够被纳入科学研究的对象。事实上，这不仅大大缩减了科研活动所能回应的现实问题的范围，甚至开始逐渐让人们的思维和感受能力受到不该有的限制。有学者认为，现有的上述状态，已经让科学背离了其在最初被创立时所秉承的宗旨。具体到体验研究，在主流的科研范式指导下，比如像审美意识，或是对某产品的整体性体验意识这种不可被公约的体验现象是难以被有效地纳入科学研究的对象的。如此一来，本就不是专门从事科研活动的UX从业者，要想以科研的态度收获学术界的有效支持和展开相关交流，就变得更难了。

第2节　研究思维的要素与价值

在上一节已经指出，研究思维，即科研思维。真正具有高水平专业素养的UX从业者，无不以研究思维作为平日工作的思考与实践基础。根据对这些高水准UX实践的观察与分析，研究思维对体验研究与设计实践的具体支持，主要表现在以下五个方面。

一、注入严谨和缜密

在日常的大众生活中，"研究"是一个经常被大家使用的词。比如，研究一下今晚吃什么，研究一下这次去巴厘岛怎么玩，研究一下怎么去某个地方更快等。大家应该都不会否认，一方面，这样的勤研究、多动脑，对于提高生活、工作的行为效率，通常是必要和奏效的。但另一方面，这种一般意义上的研究，并不能算得上严谨。一旦应对起具有专业属性的复杂问题，通常就不是很管用了。比如，文艺复兴时期的法国民间文化出现了哪些转变，某区域的冷饮销售高峰期会在何时到来等。为什么说"不是很管用"，而不是说"绝对派不上用场"呢？这是因为，只要不是回答"原子核外的电子运动速度是多少"这种非专业科研手段介入不可的问题，凭借生活中的过往经验与直觉，依靠一般意义上的研究思考总也还是可以说出个一二三。但大家都很清楚，这种一般意义上的言说并不严谨，其中时常掺杂着诸多模糊甚至是无意义的述说，因此必然无法对真的能借此解决问题打包票。相较之下，真正意义上的研究思维，即科研思维，所能提供的核心价值，就在于以高度严谨的理性思维，最大限度地规避这些模糊与无意义的思维成分。

我们的体验研究与设计实践，由于科研思维在相关实践活动中的推广尚处起步阶段，于是，在这过程中面对的很多类似于上述的那种凭借一般经验还能给出一定应对的问题时，大家所运用的思考方式大多还属于一般意义的研究。当问题的复杂程度和任务的精度要求还不算太高时，似乎看不出这样的做法有什么不妥。然而，一旦问题变得复杂，特别是面对强竞争对手时，因为无法提供绝对缜密和周详的计划，一般意义上的研究马上就会显得捉襟见肘。这时，就势必需要真正科研意义上的研究思维的介入。

由此来看，不论是否已经具备稳健的专业级研究思维能力，也不论暂时是否能够拿出精力为具备这样的能力而展开系统的学习，总之需要在实践中尽量时刻思考一件事：现在所做出的认识与判断是否严谨（即，是否具有严密的逻辑支撑），其中有没有哪些地方还存在概念的模糊与逻辑的不明确。如果存在这些问题且难以解决并已经影响到了相关实践的顺利进行，那就只有一个选择：开始必要的学习（可参考的学习内容将在本节的最后部分列出），直到能够有效地求助于专业的研究思维。

二、提供专业的研究方法

本篇之前六章的内容，为应对主流的体验研究与设计任务提供了一个系统性的思考与实践框架。但必须要指出的是，该框架只是提供了一个最为基础性的思维和实践模式。因此，仅就这六章范围内所讲述的内容的实践指导意义而言，其所能应对的问题还仅限于初阶的UX实践任务。问题的复杂程度一旦超出一定范围，就必须还要配合专业性的科研方法，才能让该基础性框架的指导意义获得有效发挥。

比如，当需要对较为深层的行为动机进行洞察时，一般意义的访谈与焦点小组时常是难以奏效的。这时，就必须借助心理学或社会学知识，针对具体的问题和任务，灵活组织定量与质性的探索与验证方法，进行系统性的调研设计（包括心理实验设计）。而要想有效掌握和运用这些方法，就必然需要依靠专业的心理学和社会学研究方法学习。

三、提供理论视角

理论视角是研究思维的重要组成元素之一。那么，什么是理论视角？理论视角又能提供怎样的价值？有这样一个例子给予了贴切的说明。

在电影《冲天飞豹》中有这样一个片段，空军某部试飞团要为一个高难度的试飞任务"尾旋"挑选首席试飞员。根据筛选条件，这名试飞员会在以下两个人选中诞生：大队长，飞行经验丰富的老试飞员；凌志远，赴海外学习过先进驾驶理论的年轻试飞员。可能是因为情感原因，也可能是因为真的倾向于信赖经验，几乎所有的团员都表示："理论和实践是有很大差别的，凌志远的飞行时间比团里的其他同志都少，因而应该由经验丰富的大队长担任此次的首席。"这时，凌志远站了起来，讲了这样一番话："我已经听明白你们的意思了。你们几个都认为经验是最重要的。好，那我问你，要是你飞的话，反舵推杆没有反应，你怎么办？"众人沉默不语。凌继续说："我告诉你，你可以反舵抱杆压顺杆。如果还没有反应的话，你还可以断开差动平稳限制器。知道这叫什么吗？这叫理论。理论告诉你有五种方案能够改出。经验能告诉你吗？可是经验告诉我，你一种都不懂。因为你从来都没有这样飞过。而我全都飞出来。这才叫作经验。你们都倾向于飞行小时多才有资格飞，我承认我的飞行小时确实没有你们多。但如果再飞的话，我有200%的把握，把它改出来，因为我找到方案了。你们谁有把握？"在这样逻辑明确的追问下，大家都沉默着，没有一个人能对他的提问给出回应。而在最后的试飞中，就是按照凌志远所指出的五种理论方案中的一种，成功实现了从"尾旋"中的改出。

从上面这个故事我们可以明白，所谓提供理论视角，一来，是帮助大家养成对纷繁的现象进行理论化（即模型化）归纳与审视的习惯；二来，是帮助我们善于借助前人研究成果，提升对未知领域的探索效率。对体验研究与设计实践而言，也是如此。具体来说，在借助设计思维流程进行体验创新实践的过程中，对于很多需要进行深入理解的用户行为与社会行为，要么，早有前人对类似问题进行过深入的研究，并已经给出了切实的回答；要么，会有某些相关的研究至少能够为这些调研工作提供重要的线索或是大致的研究框架。这也是为什么基于科研思维的调研工作总是要求在开展实地调研之前一定要先进行深入的桌面调研，即文献调研。其为的就是最大限度发现和借助前人已经给出的相关研究成果（即理论）。我们可以试想，如果头脑中已经储备了大量对各种人类与社会行为进行深入阐释的理论模型（就像《冲天飞豹》中的凌志远那样），这显然能帮助我们在研究过程中快速形成更为丰富和高质量的假设（即可能的解决方案），从而让体验调研工作的效率（包括试错的效率）获得大幅提升。

四、帮助形成反思视角

综上所述，研究思维的介入，会让UX实践因严谨、专业而变得更加高效与结构化。但尽管如此，基于研究思维的每一次体验研究与设计实践，也都是一个新的具体问题具体分析的过程。在这一过程中，时常会遇到某些令人困惑的难解之题。面对这些问题，研究思维的真正意义，并不是保证肯定能解决问题，而是帮助大家把理性推向极致。因此，一个值得注意的有意思的问题就出现了，当沿着一条理性思路走向极致，却仍不能解决问题时，势必会推动研究者对以下两方面问题进行反思。

第一，方法的功能边界到底是什么？我们所面对的问题，是否涵盖在该边界之中？对于实践而言，如果发现所面对的问题已经超出了方法的功能边界，则必然需要根据问题的具体特征与属性引进新的方法论。再进一步来看，若经反复尝试仍不能解决问题，就必须对接下来的这个问题进行严肃反思。

第二，我们所面对的问题，是否能够依靠人类的理性和心智模式被认识和理解？对于实践而言，如果发现问题的复杂程度超出了人类的正常意识所能察知的范围，那就只能尽最大努力做好以下事情：首先，明确指出其中的哪些内容是能够被认识与理解的、哪些是不能被认识与理解的、原因是什么；其次，据此，向项目发起方有理有据地说明为何以及如何需要允许前期研究和后续的产品开发实践结果存在一定的不确定性。所以，只能依靠在该范围中的试错才能最终获得相对最为有效的解决方案。

五、帮助创建新的理论模型与方法工具

正如此前已经指出的，关于UX的基础性理论建设尚处起步阶段。因此，在面对一些难点性实践问题时，必然会遇到缺乏理论指导的情况。这时，借助研究思维所提供的上述四种支持，我们通常就可以在一个有效的方向上，尝试性地创建具有针对性的新理论模型或是方法工具，用以解决个性化的紧迫性实践问题。就像程序员一旦掌握编程思维，就可以随时针对具体问题编写针对性的插件程序一样。本书第二篇中对用户体验分类问题的推进性研究，就属于这一情况。

六、如何形成研究思维能力

专业的研究思维，并不是凭空就可以产生的。为了逐步建立起扎实、稳健的研究思维能力，通常需要认真学习如下三方面知识。

第一，需要掌握基础的心理学与社会学研究方法和主流的研究范式，从而为对复杂人类行为与社会行为进行专业调研做好必要准备。要指出的是，尽管现有科研范式存在着某些问题，但是，一来，对于大量的UX实践问题，现有的主流研究范式仍表现出显著的适用性；二来，当我们想要说某种范式具有局限性的前提，是要先能对该范式的核心内容有详尽的认识与理解。对此，推荐的参考学习资料有《这才是心理学》第11版，基思·斯坦诺维奇，人民邮电出版社；《普通心理学》第5版，彭聃龄，北京师范大学出版社；《心理学研究方法》第2版，辛自强，北京师范大学出版社；《社会研究方法》第5版，风笑天，中国人民大学出版社；《质的研究方法与社会科学研究》，陈向明，教育科学出版社。

第二，为了能够与学术界顺畅对话，就自己感兴趣的问题进行深入的交流、探讨，并在这一过程中吸收更多的知识、养分，就势必需要掌握对研究成果进行发表的方法。对此，推荐的参考学习资料是《芝加哥大学论文写作指南》第8版，凯特·L·杜拉宾，新华出版社。

第三，为了能站在更高维度以哲学的视角审视各类科研活动的行为本质，从而准确辨别现有研究范式的适用范围、不足，并发现新的有效行动方向，不仅需要了解科学这件事的诞生、发展和演变的过程，还要对现代科学的源头——古希腊哲学的基本内容有所理解。对此，推荐的参考学习资料有《大问题：简明哲学导论》第10版，罗伯特·所罗门、凯思林·希金斯，清华大学出版社；《一般科学哲学史》，刘大椿等，中央编译出版社。

最后，也算是借此机会，对本书的第二和第三辑内容进行以下简要的预告。

在作者看来，通过阅读以上学习材料，读者应该已经可以为掌握上述三个知识要点建立起扎实的认知基础。但仍然还存在两个问题：第一，在这些学习资料中，并没有包括对如何在复杂的体验创新实践中运用这些知识的具体指导；第二，一旦遇到更为高阶的难点性UX实践任务，特别是需要对某些复杂性问题进行灵活应对，势必牵涉到对更为深层次和细节性的思维、方法知识的掌握与运用。然而这些内容并没有被上述学习材料所完全涵盖。而当读者一旦想要去寻找和探索这些深层和细节性的知识内容，

通常就会面对浩如烟海的文献资料，难以应付。

　　针对上述两个问题，本书的第二辑，将为读者讲述体验创新实践的真正难点所在：隐性需求调研，并会依托实践案例，向读者展示如何借助研究思维与相关方法，最大限度破解该难点问题。在这之中，就包含了对如何灵活组织量、质两种研究方法和对各种研究范式之功能边界的探讨。借此，读者不仅会看到实现整体性产品体验创新的基本途径，同时也会看到所需要进行的更高阶的专业认知提升的大致方向。本书的第三辑，则正是沿着该方向，聚焦于高阶的UX认知系统构建，有针对性地为读者引介更深层的相关思维方式、理论模型和实践方法。以此帮助读者以高效的方式，让自己的UX知识框架实现一次脱胎换骨的认知升级。

结 语 与 预 告

在阅读第三篇内容时，不知您是否发现了如下问题。

第一，根据第三篇中的界定：痛点，来自完成任务过程中受到的某种阻碍。在面向可利用体验和易用体验问题时，当然可以基于如上思路展开用户调研。那么，面对审美和符号体验问题时怎么办？就拿审美体验来说，对于审美活动，用户有什么明确的行动目标吗？会遇到什么所谓的阻碍吗？即便是有，这和可利用和易用体验所表现出的问题相比，显然是不同的。那又该如何去进行面向审美和符号体验的用户调研呢？

第二，除了痛点，现在很流行对爽点、痒点的关注，对此又该如何思考呢？如何才能对痛点、爽点、痒点进行整合思考呢？此外，又该如何对所有维度（实用、审美、符号）的体验问题进行整合思考呢？

第三，"发现问题→解决问题→检查解决效果"的思路看似没错。但仔细一想，世界上真的有那么多问题需要我们去解决吗？比如，一位老爷爷一辈子都没离开过山村，终生靠耕地为生，身体健康，感觉非常幸福，对互联网、汽车、电视剧、智能产品毫无兴趣。难道我们非要以设计思维的方式去帮他发现一下问题，改变他的生活吗？

对于读者的这些问题，在此做出如下回应。

首先，要肯定的是，这些都是理应予以热切关注的重要问题，且还不止这些。但请读者们不要着急。对于UX的学习过程，本辑内容的任务在于帮助您理顺UX的底层概念，在基础认知方面打下扎实的基础，并能应对初阶的实践任务。包括上述问题在内的进阶性内容，将从第二辑开始，给予由浅入深的详尽探讨。

其次，诸如类似的所有问题，都指向一个根本的问题：如何能借助设计思维，开展高效的体验创新实践。行内人通常都很清楚，不仅是对于设计思维本身，对于体验设计以及整个产品创新领域，这都是一个难解的"大问题"。至于其中的要害为何，作者赞成胡飞老师的观点："目前的设计思维，有不错的框架性方法论，但缺乏用于指导具体实践的细节性方法与工具。"（来自2017年11月UXPA大会上的交流）而本书此后两辑的内容，从UX的语境说，是为提高体验创新的实践效率给出必要的指导；从设计思维语境说，即为解决这个"大问题"做出可能的努力。

此外，如果将视野拓宽，我们势必还需要思考这个问题：既然本书的写作主题是面向对产品（体验）创新实践的探讨，那么，在现在已有的诸多相关理论书籍之中，本书的角色与位置是什么？是否可以与这些书籍中的内容结合成一个更大的系统性知识群落？以下，就对此给予说明。

首先，本书的选题与最初的研究切入点，除了源自作者对产品创新领域的观察与调研，还主要受到了让·马贺·杜瑞（《颠覆广告》的作者）、杰弗里·摩尔（《跨越鸿沟》的作者）和克莱顿·克里斯坦森（《创新者的窘境》的作者）之理论的启发。阅读过上述书籍的朋友可能已经猜到，本书所探讨之问题的最终指向，仍在于为颠覆性产品创新活动提供助力。那么，在探讨该话题的所有书籍中，本书所扮演的角色与位置是什么呢？

其次，就本书的特征与价值而言，相较之下，现在主流的颠覆性创新相关理论书籍，更加侧重于对创新活动之战略层面问题的探讨（如引导读者去关注用户需求、市场细分、生产模式、企业结构）。而本书则是站在前人的肩膀上，沿着可行的策略与方向，对体验创新实践的哲学、策略，以及具体的操作方法进行重新梳理（如如何借助解释现象学分析，在情感意向维度洞见用户的体验诉求）。进而，为具体的产品创新实践给出操作层面的指导（如如何掌握具体的隐性需求内容、如何让体验策略在产品设计中落地，为此，又需要参与者具备怎样的能力以及要借助哪些知识）。

最后，本书是否能够为所有的颠覆性产品创新实践提供一种一劳永逸的最终解决方案？并不能。

先从务虚层面看。如果说提供了最终的解决方案，那也就意味着思考告一段落。然而，面对个体需求、社会形态、世界样貌的不断变化，在任何时候停止反思和修正的努力，都是不可取的态度。更何况，在务实层面，本书所提供的指导理论，并不是一种绝对固定和机械性的套路式方法。

再从务实层面看。特别是在第二辑中，在对隐性需求调研的哲学、策略与可行方法进行阐释的基础上，将结合具体案例，来探讨各种方法在实践中的应用问题。在这之中，大家会发现，尽管底层原理与策略的逻辑和内容是较为固定且具有普适性的，可一旦要将之应用于具体实践，在每一个案例中，都需要针对具体问题对这些策略与方法进行灵活的组织与运用。即，本书所提供的是可迁移的知识，而不是固化的行动模板。从而，要想借助这些内容获得实践的成功，仍然需要有效的主观能动性（包括专业直觉与迁移能力）的介入。言而总之，不确定性与或然性仍是存在的，只是降低了很多。

可能是年龄的原因，也可能是阅历的原因，作者已经不太会为这种不确定性的存在而感到焦虑。不是说有着怎样的境界和胸怀，而是发现世界本就如此，那何不欣然接受并在这之中找到可行的行动方向呢？有一点是可以确定的，不论是理论的、实践经验的还是案例分析的，随着各种信息积累的增多，包括直觉在内的各种主观能动能力通常会有所提高，只要积累的方式与框架是有效的。本书的第二辑和第三辑内容，就会为此提供尽可能多的支持。